U0320585

站在巨人的肩上
Standing on Shoulders of Giants

站在巨人的肩上
Standing on Shoulders of Giants

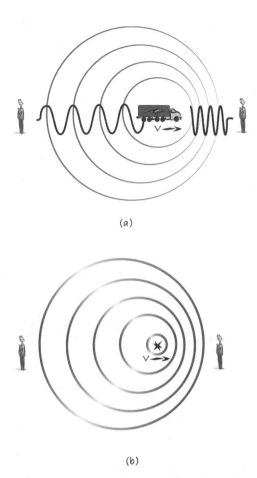

(a)

(b)

图 2.5 声音（a，车辆）和光（b，星系）的多普勒 – 菲佐效应。在这两种情
况下，波的源头都是从左向右移动

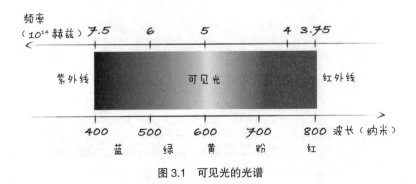

图 3.1 可见光的光谱

图 3.2　银河系、猎户座旋臂、太阳系与银河系中心的人马座 A*

图 3.4　哈勃望远镜拍摄到的宇宙深处的星系照片

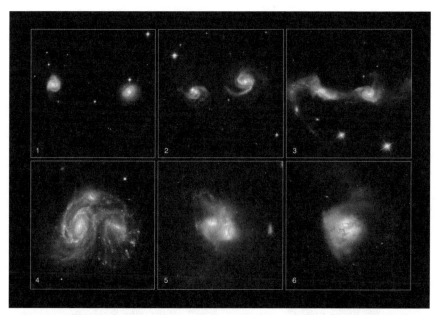

图 3.5　哈勃望远镜拍摄到两个星系不同并合阶段的照片，每张展示了不同的双星体系

图 III.1　仙女座星系及其两个卫星星系 M32 和 M110

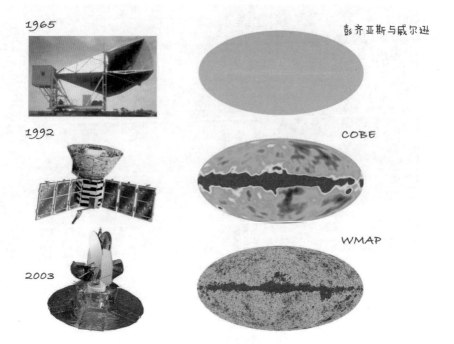

图 5.8　宇宙微波背景辐射图

彭齐亚斯和威尔逊（1965）、"宇宙背景探测者"卫星（1992）和"威尔金森"微波各向异性探测器卫星（2003）观测并绘制的宇宙微波背景辐射图。

图 V.1　"普朗克"卫星观测到的宇宙微波背景各向异性（2013 年公布）

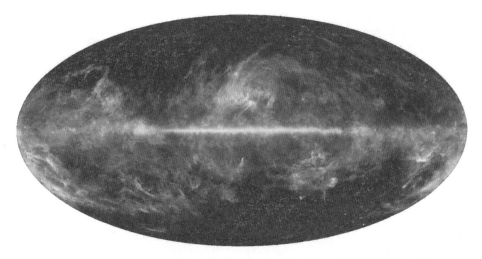

图 V.2 "普朗克"卫星测得的消除前景辐射的全天图,在左下角可以认出仙女座星系

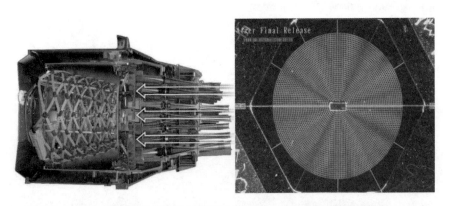

图 V.3 左边是"普朗克"卫星的稀释系统(灰色),将辐射热计温度维持在 0.1 开尔文,以及圆锥形系统(金色),用于引导辐射;右边是蛛网状辐射热计

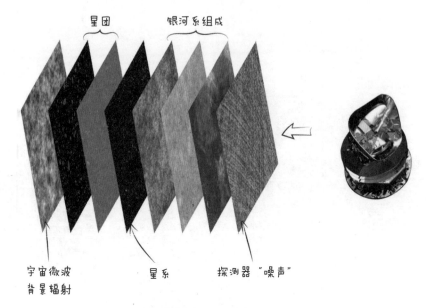

图 V.4　为了分离出宇宙微波背景全景图，"普朗克"卫星将各成分分离

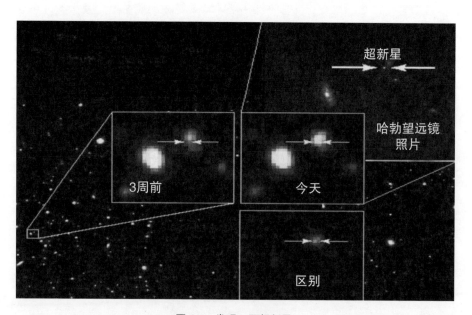

图 6.2　发现一颗超新星

"超新星宇宙学计划"间隔 3 周拍摄两张照片，经过对比发现了一颗超新星。超新星的
发现随即被哈勃天文望远镜证实。

图 7.4　天鹅座 X-1 双星系统

上图是双星系统在天空中的位置；下图是艺术家的视角，展现逐渐从伴星吸收物质的黑洞，表现为圆面及射线喷发。

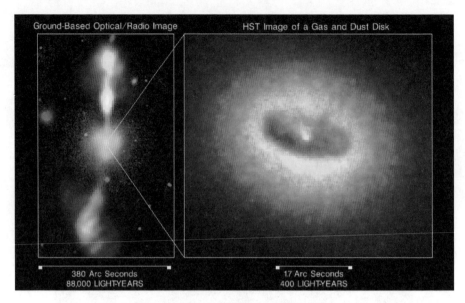

图7.6 NGC 4261 星系中心区域的照片

两束粒子流从星系中朝相反方向发射，直到9万光年的距离；中心是距离400光年的吸积盘及其周围的尘埃环。（图片来源：哈勃望远镜，欧洲航天局与美国国家航空航天局。）

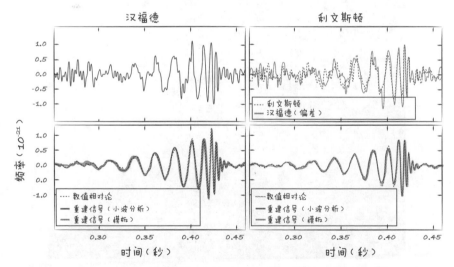

图9.1 2015年9月14日在利文斯顿（右侧）和汉福德（左侧）探测到的信号

上方图显示探测到的信号；下方是由两种不同方法重建的信号；虚线代表两个重建信号与数值相对论得到的理论预测值进行的对比。

追踪引力波
寻找时空的涟漪

À la poursuite des ondes
gravitationnelles

【法】皮埃尔·比奈托利 著　叶欣欣 译

人民邮电出版社

北京

图书在版编目（CIP）数据

追踪引力波：寻找时空的涟漪 /（法）皮埃尔·比
奈托利著；叶欣欣译. -- 北京：人民邮电出版社，
2017.3
（图灵新知）
ISBN 978-7-115-44834-7

Ⅰ. ①追… Ⅱ. ①皮… ②叶… Ⅲ. ①引力波－普及
读物 Ⅳ. ①P142.8-49

中国版本图书馆CIP数据核字（2017）第026280号

Original title: *À la poursuite des ondes gravitationnelle: Dernières nouvelles de l'Univers*,
by Pierre BINETRUY
© DUNOD Éditeur, Paris, 2015, 2016 second edition
Illustrations by Rachid Maraï
Simplified Chinese language translation rights arranged through Divas International, Paris
巴黎迪法国际版权代理 (www.divas-books.com)
本书中文简体字版由 DUNOD Éditeur 授权人民邮电出版社独家出版。未经出版者
书面许可，不得以任何方式复制或抄袭本书内容。

版权所有，侵权必究。

内 容 提 要

　　本书以浅显易懂的物理学和天文学知识为起点，详细讲述了引力的奥秘，阐释了引力
波及其发现对物理学和天文学发展的深刻意义，介绍了在全球范围内，人们为探索引力波
而创造的最新尖端技术。

◆ 著　　　　　[法] 皮埃尔·比奈托利
　　译　　　　　叶欣欣
　　责任编辑　　戴 童
　　责任印制　　彭志环
◆ 人民邮电出版社出版发行　　北京市丰台区成寿寺路11号
　　邮编　100164　　电子邮件　315@ptpress.com.cn
　　网址　http://www.ptpress.com.cn
　　三河市中晟雅豪印务有限公司印刷
◆ 开本：700×1000　1/16
　　印张：14.25　　　　　　　　彩插：4
　　字数：205千字　　　　　　　2017年3月第1版
　　印数：1-3 000册　　　　　　2017年3月河北第1次印刷
　　著作权合同登记号　图字：01-2016-1245号

定价：49.00元
读者服务热线：(010)51095186转600　印装质量热线：(010)81055316
反盗版热线：(010)81055315
广告经营许可证：京东工商广字第8052号

序

这本书是通往"引力宇宙"的大门。阅读这本书,你不需要掌握高深的科学知识,书里也没有爱因斯坦广义相对论的数学公式。不过,我会在书中介绍一些已获得广泛认可的观点与概念,它们既是当下最新的研究课题,也是科学界争论的热门话题。理解书中所有内容还是需要你付出一点努力。但无论如何,所有必须的基本知识工具,本书大致上都清晰地介绍了。

前言如同一张"路线图",让大家对全书有个整体的了解。你可以一章接一章地去看。阅读过程中,你会发现一些框起的文字,它们解释了一些概念,或者阐述了更加技术性的信息。这些文字能够满足你的好奇心,当然,你也可以把它们先放在一边,不予理会。

或许,你没有耐心按顺序读完所有内容……不要紧,你可以按自己的方式选择浏览各章后的"焦点"版块。读完各章内容,"焦点"版块非常值得一看。这个版块往往专注于某个相对独立的话题,即使与相关章节分开阅读,也未尝不可。

我还想特别推荐一下本书最后的两个重要的阅读工具——"词汇解释"和"索引"。"词汇解释"连通了本书论述的各个主题。在这里,你将重新看到从不同角度展现出的概念,它们的轮廓也被勾勒得更清晰。随着阅读的深入,"词汇索引"和"人名索引"会帮助你快速在正文中找到词汇和人物的相关内容。

希望本书能帮助大家找到了解宇宙的今天和明天的钥匙。

最后，我想感谢所有帮助过我的人，他们提出的问题与质疑萌生了我为大家讲述天体物理学知识的想法，并一点点完成本书的创作。这其中包括前来听我演讲的观众们，参加玛丽－奥迪尔·蒙西古尔和米歇尔·斯皮罗组织的"起源"实验室活动的记者、学生和我的朋友们。感谢法国 Dunod 出版社的编辑们，以及安娜·布尔吉尼翁和让－吕克·罗贝尔，是他们说服我写了这本书。此外，感谢格尔卡·阿尔达、杰拉德·奥热、玛丽·维勒尔认真审读了这本书，他们给予了我宝贵的帮助。

于法国安纳西，2014 年 12 月 30 日

在写第一版前言的时候，我完全没有想到"引力宇宙"的历史会被如此迅速地改写。仅仅在第一版出版 9 个月之后，也就是在爱因斯坦预言百年之后，一束引力波最终被探测到。这一重大事件令描述宇宙的全貌显得更加重要。

借新版问世的机会，我在此感谢法、英双语网络在线课程"引力！"（Gravité!）的 9 万多位参与者，我非常荣幸与他们共同见证了那振奋人心的时刻。

于法国巴黎，2016 年 9 月

致 G. A.、G. G. 和 S. H.

前　言
变幻的夜晚

永远努力在你的生活之上保留一片天空。

——普鲁斯特，摘自《去斯万家那边》，1913 年

每个人都有过这样的经历：在一个美丽夏夜走出门，夜空中没有月亮，满天繁星闪烁的美景让人心醉。在凝望天空几分钟之后，我们都能看到带状的乳白色银河，辨认出一些星座和不同颜色，猜测夜空中众多的光线都是什么。或许，我们还能隐约看见距离更远的星星。在我们眼里，宇宙无限延展，威严而壮丽，亘古长存。同时，我们深深感到自己的渺小，人类就如同被抛弃在这点点星光之中的尘埃一样。相对宇宙的时间而言，人类的存在感简直微不足道。几个世纪以来，诗人、哲学家、艺术家、小说家都曾经幻想过、描述过、争论过仰望星夜时呈现在人们眼前的这幅炫目景色，仿佛一切已经尽述……

然而，上个世纪的物理学家却向人们展示，宇宙远比人类肉眼能观察到的景象丰富得多，而且，我们在地球上就能触及宇宙丰饶的内涵。通过比人类的眼睛更强大的大型望远镜等探测工具，我们终于可以深入宇宙。从伽利略发明望远镜的时代起，我们就知道大型望远镜的存在了。除此之外，人类还发明了其他各种探测仪器。这些仪器深入宇宙，探测的不再是光线，而是其他类型的辐射。从此，人类开始模糊地感知到宇宙中的种种可能，并以不同的方式看待

宇宙，探求宇宙更深刻的本质。

让我们回到星空之下。夜空中的每个光点都被人们亲切地称为"星星"。在很久以前，人类就知道一些星星，包括我们所在太阳系的行星——水星、金星、火星、木星、土星、天王星和海王星。一百多年前，人类知道了这些光点中还包括星系，也就是数量庞大的恒星的集合。我们自己的恒星——太阳，就是我们自己的星系——银河系的一部分。由于太阳位于银河系的边缘，我们可以通过大气层看到银河系，所以透过天空看去，银河系的形状被拉长了。至于我们所看到的乳白色光晕，则是恒星在这个方向上集中所形成的。我们从别的方位也可以看到银河系的恒星，尽管它们显得更加分散了。所有在天空中肉眼能够辨别出的天体都属于我们的星系，其他的光点属于河外星系，也就是在我们的银河系之外。事实上，这是一些独立的星系，它们距地球如此之远，我们不可能把组成星系的每颗恒星都辨认出来。

20 世纪 20 年代，人们发现了这些光源的河外属性；简而言之，就是发现了其他星系。伴随这一发现，还有另一个更加惊人的发现：这些星系在不断远离我们。如此一来，宇宙并不像它表现得那么"亘古不变"，相反，宇宙其实是很活跃的。既然所有星系都在远离我们，应该可以推测出，假设观察者没有处于一个优先位置，那么宇宙的结构本身就是活跃的，所有星系都在彼此互相远离。人们将这种现象称为"宇宙膨胀"。

事实上，光提供了宇宙膨胀的证明。我们可以通过分析天体发出的光，尤其是光的颜色（与它的频率有关），来研究每个星系里的天体。不过，勒梅特和哈勃在 20 世纪 20 年代的研究显示，已知天体发出的光线的光谱有轻微地向红光光谱偏移，这就是所谓的"红移"，是恒星和观察者之间的相对运动导致的结果。发出光线的天体相对于我们来说是运动的，这确实是一些河外星系的天体。

光除了颜色（频率）以外还有另一种特性：它拥有一种有限速度。这对于我们这些星空观测者来说会产生显著的影响。一个天体发出的光到达地球的时间是有限的：来自太阳的光要花 8.32 分钟到达地球，从银河边缘发出的光需要 10 万年，从仙女座星系发出的光需要 250 万年。这就意味着，当我们注视天空的时候，看到的并不是当下的宇宙，而是一张张古老的照片。天体离地球越远，我们看到的照片就越古老。在我们眼前呈现的其实是一系列的静态电影！

对于那些宇宙史爱好者来说，这是一件大好事：此时此刻，宇宙历史正在我们眼前展开来。我们今天看到的最遥远的天体（在距地球大约 140 亿光年的地方）正处于宇宙最初始的状态。今天，它们变成了什么样子呢？想要知道答案，还需要再等上大概 140 亿年，等到它们现在发出的光到达地球。试想一下，一个身处仙女座星系的观测者在今天看到的地球，其实是它 250 万年前的样子，那时候猿人刚刚出现。

可以说，星系和天体发出的光向我们展现了一个穿越了时空的、真实的历史截面。在此基础上，我们可以重建宇宙在空间和时间上的全貌——这好比一棵刚刚被砍倒的树，年轮可以让我们了解这棵树及其生存环境的历史。

但是，谁应该为宇宙膨胀负责呢？让天体之间距离膨胀的能量又来自哪里？爱因斯坦给了我们答案。在 1915 年，爱因斯坦写出一组方程式，把人类对引力现象的描述统一到了他在此 10 年前构想出的狭义相对论框架下，这就是著名的爱因斯坦方程组。方程组量化了在质量的作用下——更普遍地说，是在能量集中的作用下所产生的时空变形，借此计算一个物体在靠近另一个物体时的运行轨迹。这些方程式构成了广义相对论的核心。

爱因斯坦立刻尝试运用这些方程式，不仅用在一些受引力相互作用的物体上（比如天体），而且还有整个宇宙。宇宙为什么会膨胀？答案是存在的。要弄清膨胀的根源，应该研究的是引力本身。换句话说，整体来看，宇宙是被引力驱动的！我们要改写亚里士多德说过的一句话，即上帝是宇宙演变的第一动力；而我们可以说，**引力才是宇宙演变的第一动力**。

有人不禁要问：引力是一种怎样的基本力？这是我们意识到的第一个力：想想幼儿学习直立和走路时需要付出的努力吧！然而，引力同时也是最微弱的基本力。为什么会出现这种明显的悖论呢？要知道，引力的大小与质量成正比，而我们恰巧就生活在一个质量巨大的物体之上，这就是地球。可以肯定的是，如果人类生活在一个小行星上，我们很少会注意到引力。引力太微弱了，是最不容易被感知的力。但引力的力程很长，这就是它成为宇宙演变动力的原因。然而，相对于另一个力程长的力——电磁力而言，在短距离内，引力更少被感知。

事实上，在 20 世纪，引力理论一直脱离其他相互作用力的理论而独立发展。电磁学的发展使人们得以窥见微观世界，研究物质中的粒子，并从这一领域引申出了量子力学；而广义相对论则针对我们附近的宇宙，也就是太阳系，获得了不少极具说服力的验证，如光在太阳附近的弯曲、行星的运转等。

贯穿整个 20 世纪，人类始终没有停止对微观世界的探索：人们发现了核力，或者说强核力和弱核力（弱核力使元素产生放射性），并运用功率越来越大的粒子加速器探索微观世界。既然粒子在加速器里能以接近光速运转，量子力学与狭义相对论就应该能互相调和。20 世纪 40 年代至 50 年代，人们实现了两者的调和。

在电磁学框架下发展起来的概念归纳描述了强核力和弱核力，形成一个统一的理论体系，称为"标准模型"。2012 年，欧洲核子研究组织发现了希格斯粒子，确证了这个模型。希格斯粒子是论证该模型严密性不可或缺的最后一块拼图。

但是，广义相对论——同样是引力理论——基本上一直独立、平行地发展，研究主要围绕着引力的特殊性。这些特殊性是引力理论里的一些反常现象，要么发生在遥远的过去，如著名的宇宙大爆炸理论，要么发生在恒星发生引力坍缩时，即同样有名的黑洞理论。尽管某些特殊现象确实具有量子特征，比如斯蒂芬·霍金提出的"黑洞蒸发"理论，但广义相对论总是无法接受从量子理论的角度来研究这些现象。引力理论从本质上无法与量子理论相互调和吗？还是说，必须修正一下量子力学的定律，才能让广义相对论成功纳入量子理论？

20 世纪 70 年代至 80 年代，两种理论开始互相靠近。从引力之外的三种基本力的角度来看，这是迈向**统一力场**的关键一步。电磁力、强核力和弱核力很可能仅仅是统一力场的低能量变形；而统一力场只能在极高能量下才被探测到。我们意识到，从引力的角度来看，越往古代追溯，宇宙就温度越高、密度越大。在最初的时候，宇宙就像由基本粒子熬成的一碗汤。不过，引力的强度随着温度的升高而增大；结果就是，在宇宙的初始时刻，基本粒子之间的引力与其他三种基本力一样强——这与现在的情况大不相同，与其他三种基本力相比，引力十分微弱。因此，引力也是符合量子力学理论的。所有已知的基本力，包括引力，是否仅是一个统一力场的不同形式呢？

一个重要问题揭示了调和引力理论与量子物理学的困难，这就是**真空能量**的问题。在量子理论里，每个体系都有一个最基本的状态，人们习惯称之为"真空"。从真空状态开始，人们创建理论的其他状态。宇宙本身也有自己的真空状态，这个量子状态是（量子）变化的基石，给予了宇宙能量。然而，在广义相对论的框架下，每种能量形式都能让时空变形，因此，这些能量原则上都可以被测量出来，特别是真空能量。运用量子物理学和广义相对论特有的量值快速计算一下，竟然能测算出无可估量的巨大真空能量——达到 10^{120} 量级！这一量级与观察到的宇宙现实相比实在太大了。也就是说，人们尚未找到统一广义相对论和量子物理学的理论，而若想实现引力与其他基本作用力的终极统一，注定要从根本上重新考虑这两大理论。在 20 世纪 90 年代末，人们普遍认为，假如将来有一天确立了"统一理论"，到时候，真空能量理论将会自动废除。

然而，真空能量理论对解释大爆炸之后宇宙的持续飞速膨胀来说是不可或缺的。这就是所谓的"宇宙暴胀"阶段，它阐释了为什么我们今天从任何方向观测到的宇宙都如此一致：宇宙应该源自时空中一个特别小的区域。

历史加速进入世纪的转折点。在 1999 年，人们发现了宇宙的**加速膨胀**：某类超新星越古老，在爆炸时发出的光就越不明亮。确切地说，超新星当初能够被人们观察到，就是因为其光度十分稳定。因此，它们与地球之间的距离应该比预期的要远。① 也就是说，从超新星爆炸以来，宇宙的膨胀速度比预期的要快——膨胀在加速。这个发现最引人注意的地方在于，宇宙所有已知的组成部分——亮物质、暗物质、电磁辐射和中微子都在减慢宇宙的膨胀速度。如果宇宙目前仍处在加速膨胀阶段，那么宇宙中肯定还存在一种未知能量部分远超过已知部分，导致了宇宙膨胀的加速。人们称宇宙的这种未知能量为暗能量。

暗能量到底是什么？目前，真空能量是解释宇宙新一阶段加速膨胀的最佳答案。如此一来，我们的宇宙将面临怎样的命运？膨胀得越来越快？

所有这些问题都让大众兴趣盎然，特别是自 2013 年以来，欧洲航天局"普朗克"（Planck）卫星的发现支持了膨胀模型的预测：我们在宇宙深处探测到的原子结构——宇宙大爆炸之后 38 万年发出的第一缕光线，似乎正是在宇宙暴胀阶段量子真空内部产生的余波。

同时，这一发现清除了阻挡在 20 世纪物理学的两大重要理论体系——量子力学与广义相对论之间的障碍。除了理论成果，这次发现还提供了很多观测数据，而这些观测数据还将不断丰富。为了明确暗能量的属性，人们已经在太空中和地面上开展了大量的观测活动。

然而，最非同凡响的还当属引力波的发现。1916 年，爱因斯坦预测了引力波的存在：如同运动的电荷会产生电磁波，运动的质量（比如在爆炸中）会产生时空曲率，而曲率就像落入水塘的石头在水面上激起的涟漪一样传播。当这些波穿过观测站的时候，时空曲率仿佛让物体之间发生了相互运动。但引力太微弱了，所以引力波的作用也特别微小。好在加速度的测量技术已经取得了长足的进步，我们现在可以测量到这些运动。科学家们在全球范围内布置了一个巨大的引力天线网，主要设在美国、欧洲，不久还会设在日本和印度，借此探测引力波。2016 年 2 月 11 日，一声巨雷在引力的天空响起：人们声称，LIGO 干涉仪天文台测到了来自 13 亿年前发生的一次双黑洞并合所产生的引

---

① 只有在光度稳定的情况下，距离越远，天体才会不如之前明亮。——译者注

力波！一百年的探寻终于有了回报。这一重大发现虽然揭开了引力波的神秘面纱，却也展现出"引力宇宙"更深不可测的未来。

　　未来的探索将依赖范围更广的地面天线网络：欧洲的"升级版"VIRGO 探测器将很快投入运作，日本和印度的探测器紧跟其后。2013 年底，欧洲航天局决定在未来 20 年间于太空中设立一个引力波的观测站。2015 年底，"LISA 探路者"肩负着测试核心技术的重任飞向太空，确认了该计划切实可行。

　　几个世纪以来，光让我们观测并了解了宇宙。现在，我们很快就能利用引力波以及引力——宇宙演变的首要动力，来观测宇宙。

　　今天，宇宙学的基本概念正在发生重大变革。这本书将帮助大家更好地了解这一关键的历史时刻——这的确是一个关键的历史时刻：这一刻浓缩了人们对广义相对论（也是引力的第一理论）长达百年的思考；同时，在上世纪的最后 15 年间，涌现出众多重大发现都与引力在宇宙中发挥的角色有关；最终，科学家实现了一个观测"引力宇宙"的全球性项目。这一切终将改变我们对引力的理解。

　　理论研究和观测计划涉及的都是最基本的问题。这些问题至关重要，值得每个人关注，因为它们会改变人类对自己在宇宙中位置的认知。这就是为什么本书要写给所有充满好奇心的人，无论你是否接受过严格的科学教育。在本书中，你或许会碰到许多不熟悉的概念和定义。未知的事物通常都显得很复杂，但是，把复杂的东西变得简单而有序，不正是物理学家的一个重要职责吗？

图片版权

41: R. Hurt (SSC), JPL-Caltech, NASA; 43: NASA, ESA, R. Ellis (Caltech), and the UDF 2012 Team; 44: NASA, ESA, the Hubble Heritage Team; 47: V. Springer/Virgo Consortium; 51 (左图): NASA; 52: Niedzwiadek78; 54: John Dubinski/University of Toronto; 86: james633-Fotolia.com; 88: NASA/WMAP Science Team/NASA/JPL-Caltech/ESA; 89-90: ESA and the Planck Collaboration; 91: ESA, HFI & LFI consortial; 92: NASA/JPL; 98: NASA/CXC/M.Weiss; 99: Hubble Space Telescope NASA; 112: bennnn-Fotolia.com; 113: Attila Csorgo; 121: ASA/CXC-Digitized Sky Survey; 123: ESO; 124: Hubble ESA/NASA; 146: Caltech-Cornell; 158: University of Maryland (College Park, Md.); 177: ESA ; 190: ESA.

目　　录

第一章

引力，未知的力量

引力是什么

我们对引力最直接的体验就是落体运动——这种引力就是重力，即物体与地球之间的引力。引力是最容易被直接感受的一种力，也是幼儿学习站立时所要克服的力。或许，正是在与地球引力作斗争并最终站立起来的过程中，人类在某种程度上确立了自身的特性。也正是从引力实验开始，力的概念在现代科学中被建立起来。

然而，引力是四大基本力中最微弱的，我们能直接感受到它仅仅是环境造成的：因为我们紧邻一个无比庞大的物体——地球。如果不是身处这个特殊的环境中，我们可能会通过电场力来发现力这个概念。此外，我们也可以凭空想象一下，哪种类型的力能够捕捉到一个远离地球且处于失重状态的生命体？我猜想，这很可能是一种摩擦力，比如勺子搅动蜂蜜时感到的阻力。这种力的本质是什么呢？其本质上是一种电场力——由摩擦产生的电场力，而摩擦来自于移动物体的分子与周围环境分子之间具有电属性的结合力，就如同上面提到的勺子和蜂蜜。

现在是时候来阐述一下基本力的概念了。**基本力**又称基本相互作用，一种基本力可以用一个定律来描述,该定律在任何时候、对于任何空间点都适用;也就是说,在整个宇宙都适用。我们称这些力为基本力,是因为从严格意义上来说,基本力是在物质的基本组成成分之间起作用:电场力(库仑力)同样也是在两个基本电荷之间起作用,比如两个电子之间。

两个物体之间的力不全是基本力,而通常是多种基本力的组合。这些基本力在物体的基本组成成分之间起作用。所以,物体之间的力往往并不像基本力那样有基本定律可循,而是符合一些**经验法则**,而这些法则不够确切,也不像基本定律那样随时随地都适用。其中一个典型的例子就是摩擦力。假设我们在一个凹凸不平的地面上推箱子,阻碍箱子向前运动的摩擦力就是由多种基本库仑力构成的。这些基本库仑力存在于箱子的电子和地面的电子之间,使箱子的分子和地面的分子之间产生联系。因此,摩擦力的形成取决于多种条件:地面和箱子表面凹凸不平的程度、箱子相对于地面的速度、房间的温度,等等。所以,描述摩擦力的定律取决于多种参数,而且只能是经验性的。

相反,电场力是一种基本力。自 19 世纪末以来,人们将电和磁的力统一称为电磁力。引力也是另一种基本力。事实上,人们目前认定了四种基本力:除了以上提到的电磁力和引力之外,还有强核力(强相互作用),以及与某些物质的放射性相关的弱核力(弱相互作用)。我将在第四章详细讲述。

物理学家为何最终把引力视为基本力?简要回顾一下这段历史,引力的概念会呈现出别样的意义。而我也要借此引入一些将伴随大家阅读整本书的概念。

如果我同时松开一个铅球和一根羽毛,两者会以不同方式落下;如果我在水和油里重复这个实验,铅球的运动将会不一样,而羽毛则会浮起来。所以,环境对物体的运动具有很大影响,在空气中运动是一种情况,在水或油里运动是另一种情况。因此,亚里士多德推断,空间环境是运动的必要条件。所以,亚里士多德否定了"真空"的存在:在真空里,物体只能保持静止或永远运动下去，而这是荒谬的。事实上，亚里士多德学说区分了两种不同类型的运动：一类是自然运动，物体根据自身的自然本性选择更靠近空气还是土地，向上或向下运动；另一类是受迫运动，即物体在外力的作用下运动。每天晚上，恒星都会重新出现，看起来既不会下落也不会远离，所以恒星的运动属于一种特殊的运动模式——完美而永恒的天体圆周运动。在亚里士多德看来，神是宇宙演变首要、必须的恒定动力，让整个宇宙都运转起来。

人们习惯地认为，现代物理学起源于伽利略。从伽利略开始，人们才开始用实验来验证假设——既有实际操作的实验，也有思想的假想实验。我将会举几个例子，如果有些例子涉及很难实际验证的概念，那么，为了更明确地界定概念范围，我会运用思想实验进行验证。

伽利略与自由落体运动的普适性

通过观测落体运动，伽利略注意到，运动的短暂性给研究运动现象的实验造成了极大困难：物体从 5 米高的地方自由下落，运动时间才持续 1 秒钟。所以，他发明了一个简单的装置来延长运动的时间。伽利略让物体沿着一个斜板滑动：板子与水平面之间的角度越小，物体的运动速度越慢。当然，你也可以提出异议，说这是因为摩擦力增加了，所以物体的运动才变慢。但是，在好几种表面（糙面、釉面、蜡面、冰面等）进行尝试之后，基本可以排除摩擦力的作用。而且，我们还可以假设有一块理想的斜板，其表面上根本不存在摩擦力。伽利略从他的实验里总结出物体运动的普适性——对于所有物体都一样，而且物体呈加速运动时，位移的变化与时间的平方成正比，这是受恒力作用的物体的运动特点。

匀加速运动

为了证实物体从斜板下落时做的是加速运动，我们要在斜板上标出 5 个等距的标记，从高到低分别用数字 0 至 4 标出。我们在位置 0 松开一个没有初始速度的球，然后测算它到达位置 1 和位置 4 的时间（图 1.1）。如果这个球从位置 0 到位置 4 所花费的时间是它从位置 0 到位置 1 所花费时间的 2 倍，也就是说，球花费了 2 倍的时间通过了 4 倍的距离，那么，这就说明小球做的是加速运动：初始速度为零时，物体的位移与发生这段位移（4）所花费的时间（2）的平方成正比。

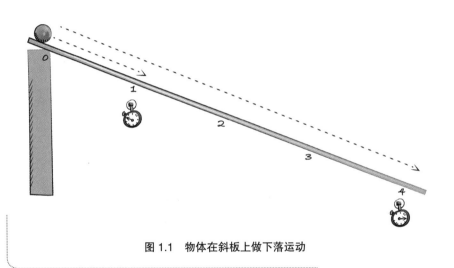

图 1.1 物体在斜板上做下落运动

我想起自己设计的一个小实验，也算我为这一领域做的一点"贡献"吧。伽利略设计上述实验 400 年后的今天，我喜欢和学生们一起做以下实验：我一手拿本书——最好是查尔斯·米斯纳、基普·索恩和约翰·惠勒合著的《引力论》（*Gravitation*），人称"广义相对论的圣经"，稍后我还会谈到这三位美国物理学家；我另一手拿着张纸，然后让书和纸同时落下。毫无疑问，书已经落到地上，而纸还在空中打转。为了说服学生们接受自由落体运动具有普适性的事实，我把书放在了纸上，然后一起松开，这次两者同时落地。肯定会有"聪明"的学生指出，是书推着纸落了地。然后，我们会再来看看纸是不是能推动书，这次我把纸放在书上面。请你来猜猜实验结果吧，我保证你不会猜错。

让我们回到伽利略的实验上来。为了更好地判断摩擦力的作用，我把实验装置变得稍微复杂一点：加上第二块斜板 B，让球在斜板 B 上再次上升（图 1.2a）。摩擦力越小，物体在斜板 B 上爬升得越高。在假设没有摩擦力的理想情况下，物体会回升到和初始位置同样的高度。在这个范围内，沿着斜板 A 下落的运动加速度接近一个常数，以位移的距离除以发生位移所需时间的平方而得出，大约为 10 米每二次方秒，这就是重力加速度。

斜板 B 放得越平，物体回到初始高度时的运动距离越远（图 1.2b）。如果把斜板 B 彻底放平，在假设摩擦力为零的理想状态下，物体将匀速地永远运动下去，物体自身的重量被板子对它的反作用力抵消了（图 1.2c）。

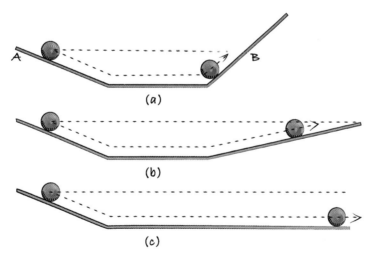

图 1.2 从伽利略的斜面实验到惯性原理的初步阐明
在没有摩擦力的情况下（理想实验），球会回到与左边初始位置高度相同的点。斜板 B 放得越平，球向右边运动的距离就越远（图 a 和图 b）。如果斜板 B 水平放置，球将永远匀速运动下去（图 c）。

借此，我们确定了物体的一个特性——惯性，也就是物体对其运动状态变化的阻抗程度。根据**惯性原理**，当物体不受任何力的影响时，或者说，当作用在这个物体上的合外力为零时，物体会保持原有运动状态，即保持匀速运动或静止状态。

惯性原理源自伽利略提出的另一个结论——**相对性原理**。亚里士多德学派认为，地球必须是静止的，不然的话，一个被垂直抛向空中的球就不可能落回同样的地方，因为在球下落的时间里，地球已经移动了。伽利略注意到，如果把实验局限到一条船的船舱里，就可以分别在船静止和匀速运动的时候进行实验：两次实验中观测到的落体运动是一样的，都如在房间里扔球。如此一来，伽利略的相对性原理指出，所有实验的结果，继而所有物理学定律，在匀速运动的参照系（比如一艘船）中都是一样的。

不难想到，一个物体的惯性取决于其组成物质的量，即质量。物体的质量决定了惯性的大小。我用一个例子来解释一下。想象一下，如果你被迫推动一辆矿车，你肯定希望选择一辆空车，而不是一辆装满了矿石的车。为什么呢？人凭直觉就能知道，矿车装满沉重的矿石时对轨道的压迫更重。但是，矿车沿水平方向运动，而且矿车的重量会被铁轨的反作用力抵消。其实，正是物体组成物质的量（质量）决定了物体对运动的阻抗程度，也就是惯性的大小。为了让你确信这一点，现在请试着让运动中的矿车停下。如果说，在推动矿车的时候，你觉得矿车压在轨道上的重量阻止你推动矿车，那么这一次，重量应当是助你停下矿车的帮手了吧？然而，这次还是空矿车更容易停下，因为它的质量小，因此惯性也小。

这理解起来可能有点困难，因为在日常用语中，我们经常混淆"重量"和"质量"两个概念。而物理学家要区分"力"（对应重量，用单位"牛顿"来计量，符号为 N）和"惯性"（对应质量，用单位"千克"来计量）。

最后一个例子：处于失重状态的宇航员想要弄清同样处于失重状态的糖盒是空的还是满的，怎么办？答案是：糖盒对运动的阻抗程度越强，里面装的糖就越多。

在本书里，我会用很多例子来解释如何通过实际实验和思想实验鉴别概念的真伪，验证物理学的假设。这是我们从伽利略的现代研究方法中获得的重要经验之一。在接下来的内容中，让我们实际运用一下这一经验吧。

牛顿和月亮的下落

如果说，是伽利略通过研究在重力场中的落体运动，定义了力的概念，那么，是牛顿把引力正式定义为支配行星运动的万有引力。开普勒虽然最先提出了行星运动定律，但他没有解释原因。

根据牛顿的讲述，一个苹果不凑巧落在他头上，让他开始思考引力问题。重新回顾一下落体运动的思想实验，就能看出在苹果的落体运动和天体运动之间有什么共同点。登上台阶，让一个没有初始速度的苹果垂直落下，1 秒之后，苹果就到达我们脚下的地面了（图 1.3a）。

我们以 1 米每秒的水平速度抛出苹果，它将落在距离我们 1 米远的地方。事实上，我们可以把这一运动分解为垂直运动（与上述落体运动相同，1 秒钟后苹果着地）和水平运动（苹果在 1 秒钟内穿过了 1 米的水平距离）。如果我们以 2 米每秒的速度抛出苹果，它将落在离我们 2 米远的地方……如果我们以 7900 米每秒的速度抛出苹果，按理，苹果应该会落在离我们 7900 米远的地方。但实际上，结果并非如此！假如地球是平的，的确会如此；但地球是圆的，所以它的表面是弯曲的。在不计空气摩擦阻力的情况下，当我们站在 5 米高的地方，让苹果以 7900 米每秒的速度飞出时，苹果距离地面的高度总是 5 米（图 1.3a）。换句话说，苹果沿着地球的曲线运动。而且，在没有摩擦力的情况下，苹果凭借惯性会永远运动下去：我们把苹果发射到轨道上了！这就是著名的"牛顿大炮"实验。

当然，这个实验是不可能实现的。在实际情况下，我们不可能忽略摩擦力，而且在这种速度下，摩擦力会很快让苹果停下来。但这个思想实验展示了，苹果的落体运动与卫星在轨道上的运动方式相同（图 1.3b），甚至可以说，这与月亮——地球的卫星——的运动方式相同。月亮处于永恒的自由落体状态，然而，由于月亮的落体运动有一个水平速度，最后就变成了月亮围绕地球进行圆周运动。这种现象还适用于围绕太阳旋转、处于自由落体状态的行星，以及所有天体。由此我们可以得出结论：天体的运动与苹果的运动在本质上相同，就如同亚里士多德学说相信的那样。

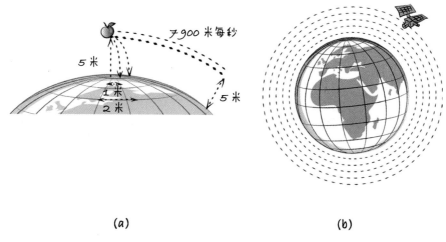

(a) **(b)**

图 1.3 "牛顿大炮"实验（未按真实比例）

（a）在没有摩擦力的情况下，一个以初始水平速度 7900 米每秒扔出的苹果，在 1 秒之后，或者更广泛地说，在任何时间之后，都应该与地面保持相同的高度（这里是 5 米高）；（b）因此，这个苹果是在轨道上运转，就如同国际空间站一样。

同时，牛顿还找到了支配物体之间引力运动的万有引力的特点。两个物体之间的相互作用力的大小取决于两个量：每个物体中所含物质的量（质量），以及两个物体之间的距离。物体之间的距离越远，引力就越弱。更确切地说，根据牛顿定律，引力的强度与每个物体的质量成正比，与物体之间的距离的平方成反比。这个比例常量被称为"引力常数"，具有普适性，因为引力是基本力——无论在任何时刻、任何地方，常量的值都不变。直到 1789 年，这个常量值才被亨利·卡文迪许精确地测量出来：$G = 6.67 \times 10^{-7}$ 牛顿平方米每二次方千克（$N \cdot m^2 \cdot kg^{-2}$，见焦点 I）。也就是说，两个质量为 1 吨（1000 千克）、相互距离 10 米的物体之间的引力大小为 6.67×10^{-7} 牛顿。一只停落在这些物体上的蚊子的重量会相应产生一个 10 倍大小的力！

根据牛顿的运动定律，如果一个物体对另一个物体施加了一个力，那么后者也会反过来对前者施加一个大小一样的力，这就是**作用力与反作用力原理**。因此，太阳对地球有引力，地球对太阳也有引力，我们称之为引力的相互作用。

我们先暂时回到苹果的落体实验。苹果的落体运动的本质与行星运动一样，重力也是引力——地球与苹果之间的引力。我们由此得出结论：苹果落向地球等同于地球向苹果坠落。但地球的这个运动很少被人们察觉，因为相对来说，地球比苹果的质量（惯性）可要大多了。

爱因斯坦与时空

跨越数百年，转眼来到 20 世纪初。1915 年，爱因斯坦用他的广义相对论点燃引力研究领域的革命。但是，我们首先把注意集中在狭义相对论构建的初级阶段，这是爱因斯坦在更早 10 年前，即 1905 年构想出来的。与这一时期联系在一起的，还有洛伦兹与庞加莱这两个名字。

在此之前，我们先回顾一下伽利略关于相对论原理的陈述：实验的结果，也就是物理学定律，在所有相互之间进行匀速运动的**参考系**里都是一样的，我们又称之为"伽利略参照系"。伽利略曾以匀速运动的小船为例。为了向 20 世纪致敬，我将以火车、电梯甚至是火箭为例。

什么是参考系?

时间和空间发挥着重要的作用，因此，确定实验发生的地点与时刻就显得至关重要。为此，我们必须定义一个参考系，以此定位空间与时间。我们可以把这个参考系设想为三维空间中的一个方格：在方格的每个坐标点，都有一个时钟来标记这个点的时间（图 2.2b）。

在伽利略和爱因斯坦之间，电磁现象的发现及其特性的描述引发了一场科学革命。19 世纪末，詹姆斯·麦克斯韦统一描述了电磁现象后，这场革命达到了顶峰。麦克斯韦用一组方程式总结了所有已知的电磁现象，而方程组的基本参数就是光速。这并不令人感到意外，因为光线已被视为一种电磁波。这样一来，问题就在于是否应该把相对论原理扩展到电磁学：如果在匀速行驶的火车上的实验结果与在静止的火车站的结果一样，那么在火车上的物理学家与在车站的物理学家应该测量出相同的光速。这与我们对速度构成的固有理解相抵触。然而，在 1881 年与 1887 年之间，阿尔伯特·迈克尔逊与爱德华·莫雷进行了多次实验，最后总结出：在地球上测出的光速在所有方向上都是一样的，而地球一直处于运动中；或者说，光速在所有伽利略参考系中保持不变。

光速并不会与测量地点的参考系的速度叠加，这一事实对时间和空间的概念造成了始料未及的影响，公众常识中对相对论及其独特性的基本认知被颠覆了。我们用一个简单的火车实验来解释这个现象。一个物理学家——就说爱因斯坦本人吧，他在火车上垂直扔出一个光学信号灯来测光速：通过测量距离与时间的关系，爱因斯坦算出了光速（测量实验实际更复杂，但无所谓，因为光速非常快）。站台上有一位女物理学家，她看到这辆火车匀速通过，并从车窗观察实验，记录下光学信号灯出发和达到的时间（图 1.4）。对于女物理学家来说，火车是移动的，因此车上的光探测器也移动了，而且，她在站台上测出的光的移动距离比在火车里的爱因斯坦测出的距离要长。既然两位物理学家测出的光速应当一致，我们由此总结出，两人测量的时间是不一样的：在站台上测量出的时间比较长，而在爱因斯坦做实验的火车上时间过得更快！反过来说，在女物理学家的参照系（相对火车来说是运动的）里，时间延长了。

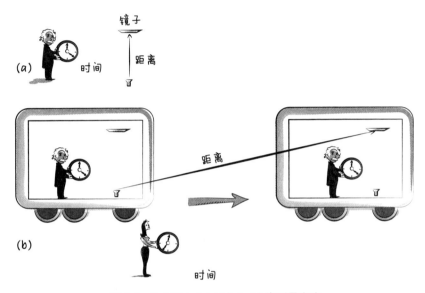

图 1.4　从火车上 (a) 站台上 (b) 来测量光速

　　这个出人意料的测量结果已被实验证实了：两个时钟，一个在飞机上飞行了几个小时，另一个保持静止，最终测量的时间不一致。同样，在粒子加速器里，这一结果每天都在重演：粒子在加速器里以接近光速移动，因此实验结果更加明显；当然，在火车里，这一点差距可以完全被忽略。

　　面对这一结果，人们不得不重新审视自己对时间和空间的认识，并把两者结合成统一的概念——时空。在上述构想出的实验里，时间被赋予了一个特殊角色。但在空间维度里，也观察到了相似的效应：在运动的参考系中，参考系的**长度收缩**与**时间膨胀**相吻合。这些惊人的结论让狭义相对论声名远扬。天文学家乔治·伽莫夫提出一个有趣的观点，他在《物理世界奇遇记》（*The New World of Mr Tompkins*）一书里设想了光速仅为 32 千米每小时的一座村庄里的日常生活：一个普普通通的自行车骑手都能见证时间膨胀或长度收缩引发的相对论效应。

$E = mc^2$，不仅仅是一个方程式！

其实，物理学最著名的方程式并不是相对论最重要的方程式，但这是爱因斯坦的天才象征。这个方程式告诉我们，质量（m）是能量（E）的一种形式，这是狭义相对论的一个结论。方程式中的常数 c 正是光速。在狭义相对论里，光速起着核心作用。

爱因斯坦的电梯

现在是时候来讲讲**广义相对论**了。让我们看看，这个理论如何让爱因斯坦构思出一个万有引力理论。所谓"广义"是相对 1905 年的"狭义"相对论而言的，狭义相对论局限在伽利略参考系里，也就是说，局限在相互之间做匀速运动的参考系里。这个限制也是爱因斯坦担心的问题：在一个不做匀速运动而做加速运动的参考系里，物理学定律会变成什么样子？这些定律与伽利略参考系里的定律有区别吗？如果有的话，会是什么区别？这个疑问将爱因斯坦推入一个连他自己都始料未及的领域——引力。为了理解这一点，我们先回到相对性原理：继伽利略的小船实验和爱因斯坦在 1905 年的火车实验之后，我们这次要把自己关进一艘做匀速运动（恒定速度）的飞船里，飞船正在远离地球和其他所有天体。我们处于失重状态，如果放开一个球，它会继续在空中飘动。设想一下，飞船此时在火箭的推进下产生一个 10 米每二次方秒的加速度，它的速度不再是恒定的。我们朝向地面被发射出去，那个球也一样。这一切就如同重力吸引我们向地面靠近，而球的运动也与在重力场中观测到的运动一样了。

爱因斯坦把这个实验结果上升到了理论高度。爱因斯坦假设，如果我们与外界没有视觉或其他接触，在飞船内部做的任何实验都无法让我们分辨自己观测到的运动到底源于何种状态——是飞船（我们的参照物）的加速运动？重力场？还是更普遍地说，是引力场？这个假设成立的原因只有一个：决定了运动变化（即加速）阻力的质量与牛顿万有引力定律中描绘物质的量的质量，两者是一样的。这就是惯性质量与引力质量之间的**等效原理**。

这个假设也可以反向运用。假设我们回到地球上，在电梯里遭遇一次坠落：绳子断了，电梯成了自由落体，开始下降；在下降过程中，我们漂浮在电梯里，如果此时松开一个球，它看上去也因失重而漂浮，因为球和我们一起下降。根据爱因斯坦的假设，我们在下降时，没有任何身体感知能为我们指出自己到底处于地球引力场的自由落体运动中，还是处于远离所有天体的失重状态中。

加速参照物（火箭、电梯）与引力场之间的等效，帮助我们简要理解了广义相对论中一些最著名的结论。我在此只举一个例子。让我们回到处于匀速运动的火箭中，并发出一束横穿太空舱的水平光束。我们知道光线沿直线传播，至少在已经做过实验的伽利略参考系里（图 1.4）是这样。如果飞船用自己的火箭加速，当光束在太空舱里传播的时候，会发生难以察觉的移动。由此可知，在身处加速运动的参照系里的观测者看来，光是沿着微微弯曲的曲线传播的（图 1.5）。

你或许认为，这都只是个人感知的问题。那好，我们来用一下爱因斯坦的假设。我们不能区分加速参考系或引力场，由此推出光线在引力场中，也就是在靠近一个大质量物体时，会沿着曲线传播。这已经被实验证实了，比如，人们观测到光线靠近太阳时，会发生轻微的弯曲。之后，我们将看到与这个现象有关的一些更重要的效应，比如引力透镜效应（见第三章）。

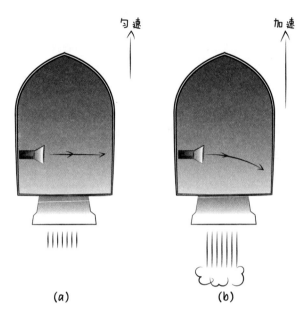

图 1.5　在加速运动的参照系里，即在引力场里，光是沿曲线传播的

　　现在，我们知道大质量物体能让时空呈现几何弯曲。观察一下我们的房间，沿着房间两堵相邻的墙等间距地放置激光束，用光线把房间分成格状。这些光线在两点之间沿着最近的路线走，也就是以直线传播；它们互相交叉成直角（图 1.6a）。现在，设想一个大质量物体被放置在房间外，位于一面墙后。在房间里的光线轨道会发生弯曲：它们再也不能相互交叉成直角了，两点之间最近的路线也不再是直线（图 1.6b）。时空被临近的质量给弯曲了。

　　爱因斯坦的方程式概括了时空几何与质量分布之间的联系，更确切地说，是时空几何与所有能量形式之间的联系。事实上，著名的方程式 $E = mc^2$ 告诉我们，所有的质量都是能量。反之，所有能量形式都对时空几何有所影响。

　　因此，爱因斯坦进一步反思伽利略开创的相对性原理，最终开创了一个引力理论——一个将改变人们宇宙观的时空理论。

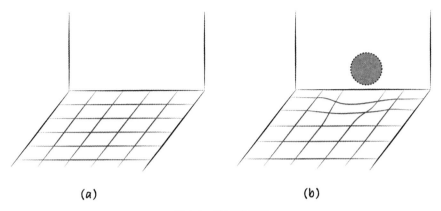

(a)　　　　　　　　(b)

图 1.6　墙后的黑洞

一个超大质量物体，如黑洞，放在房间墙后面，让分割房间的光线的直线轨道发生了轻微的弯曲。这能帮助我们间接探测到大质量物体的存在。

焦点 I　引力实验

尽管引力可以立刻被感知，但一直等到 18 世纪末，人们才真正测量到它。在这里，我想为大家讲一讲历史上两个使用了相同设备的实验——卡文迪许实验（1798 年）和厄缶实验（1885—1909 年），而这个设备就是扭秤。这两个实验在证实牛顿理论及之后的相对论设想中发挥了关键的作用。

卡文迪许实验

依照牛顿的想法，英国物理学家约翰·米歇尔提出测量两个质量 m_1 与 m_2 之间的万有引力，也就是引力常数 G。为完成测量，他使用了扭秤，其原理我在图 I.1 中进行了描述。

两个质量同为 m_1 的物体悬挂在扭秤的 AB 两端，扭秤在中心点 C 被铁丝拴吊着。关键是，实验要隔绝在一个木盒子里进行，避免气流和温度变化的影响。两个质量同为 m_2 且比 m_1 质量大得多的物体，以相同的距离各自接近每个 m_1。每对（m_1, m_2）之间的引力都能使铁丝弯曲：扭秤 AB

沿水平面旋转了一个可测的角度。撤掉两个质量 m_2 的物体，测量扭秤在水平面上相对于平衡位置的摆动运动，可以测出铁丝的刚性。

但米歇尔并没有实现自己的设想。1798 年，卡文迪许重新采用这一原理，用 0.73 千克的铅球作为质量 m_1，用 158 千克的铅球作为质量 m_2，并将 m_2 放在与 m_1 距离 2.3 米的地方。实际上，卡文迪许真正关注的是测量地球密度，但他测出了 1.74×10^{-7} 牛顿（恰好是一颗沙粒的重量）大小的力，这与引力常数——6.74×10^{-11} 立方米每千克二次方秒（$m^3 \cdot kg^{-1} \cdot s^{-2}$）符合，与我们今天采纳的值大约有 1% 的偏差。

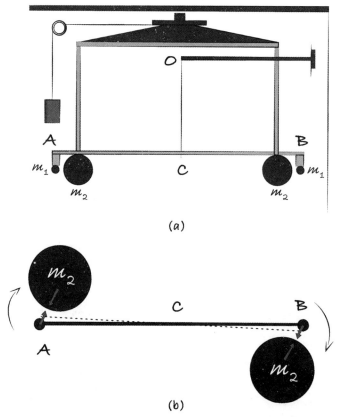

(a)

(b)

图 I.1　米歇尔 – 卡文迪许测量引力常数所用的扭秤原理：(a) 从正面看；(b) 从上面看

厄缶实验

亚里士多德认为地球是静止的，不然，一个扔向空中的物体应当落在地面上更远的地方；而伽利略证实了这个推论是错误的，并提出了相对性原理。相对性原理被爱因斯坦扩展到所有相互之间做匀速运动的参照系，也就是我们所说的"伽利略参照系"。然而，从严格意义上讲，地球实验室的参照系并不是伽利略参照系，地球有自转，因此实验室有一个离心加速度。根据爱因斯坦的假设，这个加速度可以与引力相似。所以，铅垂线轻微地偏离垂直方向（图I.2），匈牙利物理学家罗兰·厄缶对此做出了解释，于是人们以他的名字将该效应命名为"厄缶效应"。厄缶效应非常微弱，只有重力加速度的万分之一，而且取决于地球纬度——它在两极和赤道不存在。

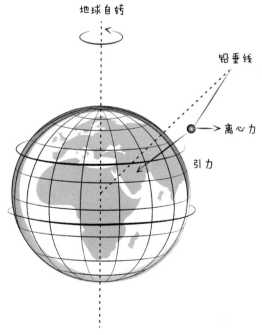

图I.2 地球自转对铅垂线造成的离心加速度效应

这让厄缶很感兴趣,他花了30年时间研究该现象,最后确定这一效应主要是由加速度,也就是物体的惯性所导致的。人们首次通过惯性而不仅是引力来确定物体的质量。厄缶使用了一个与米歇尔的扭秤类似的装置:一个杆装有两个属性不同的球,杆用钮丝固定起来(图I.3)。两个球放好后,可以让杆在引力和垂直方向上的离心加速度的共同作用下处于平衡状态。如果两个球的惯性质量不同,那么水平方向上的离心加速度会让铁丝弯曲。事实上,实验验证的是测量惯性的(惯性)质量是否与牛顿万有引力定律中的(引力)质量一致。厄缶实验证实了两个质量的一致性:万有引力中的质量就是用来测量惯性的质量。爱因斯坦借此提出了引力与加速度的等效假设。

通过一个用铁丝固定的反光镜(从上面看),用扭秤和光束测量铁丝的扭转:只要镜子一转,光束就向探测器移动。箭头代表垂直方向上的离心加速度。

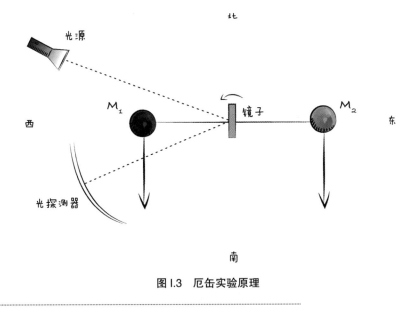

图I.3 厄缶实验原理

第二章

广义相对论：从引力理论到宇宙理论

我们将目光转回 1915 年 11 月，爱因斯坦公布广义相对论研究成果的时刻。这些研究被浓缩为数个方程，如今，人们称之为爱因斯坦方程组。爱因斯坦方程组量化了时空因质量，或更普遍地说，因能量的分布所导致的局部时空弯曲。我们最终确定，时空靠近一个类似太阳的天体时，会呈现怎样的几何形状，并推导出光线的轨道：光沿着最短的路线传播，但这个最短的路线表现为曲线，而不再是直线。

爱因斯坦本应就此满足。然而，或许是被"引力决定全部天体运动"这一事实所鼓舞，他希望把自己的方程组运用到整个宇宙。爱因斯坦的大胆之举标志了现代宇宙学的诞生。但在 1915 年，人们眼中的宇宙是什么样子的呢？除了我们自己的星系——银河系之外，人们所知甚少。还需要等上多年的观察与解释，人们才意识到宇宙其实更广袤、更丰富。尽管如此，直到今天，爱因斯坦方程组依然在最大维度上描述了我们的宇宙。在本章，我要讲的就是这个故事。

爱因斯坦方程组

爱因斯坦方程组表达了什么？它只是部分地把时空曲线与能量内容联系起

来，但也不只是以质量的形式出现，因为根据著名的关系 $E = mc^2$，质量就是能量。

比 $E = mc^2$ 更好！

传言说，出版社的编辑曾提醒过霍金，书里每出现一个方程式，读者的数量就会减半。所以，霍金只好在书中仅摆出标志性的狭义相对论方程 $E = mc^2$。我从未和霍金证实过这个故事的真伪，但我甘冒风险，写出爱因斯坦的广义相对论方程（图 2.1）。

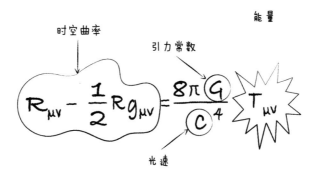

图 2.1　爱因斯坦广义相对论方程

但愿还剩下一半的读者，欣赏这个绝妙方程的美学特点，勇敢地继续阅读。对于另一半读者，我只想指出，方程式的左边是一个表示时空特征的量——时空曲率，右边表示的是能量。因此，这个方程式的意义可以概括为"曲率等于能量"。两个基本常数也出现了：光速 c 与狭义相对论方程 $E = mc^2$ 中的 c 一致；引力常数 G 显示这个方程式探讨的正是引力。

为了更好地理解爱因斯坦的方程，我们不如回顾一下大质量物体导致的光线弯曲现象。

当光勾勒出时空

在没有质量，或更普遍地说，在没有引力效应的时候，光是沿直线传播的，也就是说，沿着最短的路线传播。从欧几里得时代开始，人们就知道两条平行的光线永远不会相遇。现在，如果两条平行光线经过一个大质量天体附近，它们将会弯曲，而且越靠近这个天体，光线弯曲得越厉害。可以肯定，由于出现偏斜，两条光线将在轨道上更远的地方相遇。这一现象被解释为时空被天体（至少是局部地）弯曲的信号。

为了深入理解，我们做一个大家都熟悉的比喻。球面是弯曲的，曲率仅仅由它的半径决定。以地球为例，我们更容易理解。如果我们沿着两个邻近的大经度圈从赤道走到北极（图 2.2a），在赤道附近，两条路线是相互平行的，然而在极点，它们相交了！确切地说，这是地球（球体）的弯曲表面导致的结果。

现在我们回到落体运动中，借用上一章里处于自由落体状态的电梯的例子。在地球上的一点——就说埃菲尔铁塔里吧，我们漂浮在一个脱钩并开始自由落下的电梯里。如果我们轻轻推动一个与自己一起漂浮的球，它将得到一定的速度，而且由于惯性，球会保持这个速度。然而，从外边看来，球本身正在加速下落。但在电梯参照系里，球的运动没有变化。正因如此，这类参考系被称为"惯性参考系"。经典物理学定律适用于这种惯性系，尤其，光线在这里是沿直线传播的。我们可以用尺子和秒表来证实，在电梯参照系内部测量出时间与距离，也就是把时空分成网格（图 2.2b）。可以说，我们选择了一个时空度规来描述时空——注意，在"度规"中，有"米"这个度量单位。为了更好地理解度规的概念，让我们设想一个"跳蚤比赛"：跳蚤沿着直线向前跳，裁判用总长 20 厘米的尺子和秒表来测量跳蚤前进的速度，标出 20 厘米距离的短线和定位秒表指针位置的短线共同确定了跳蚤经过的时空度规。

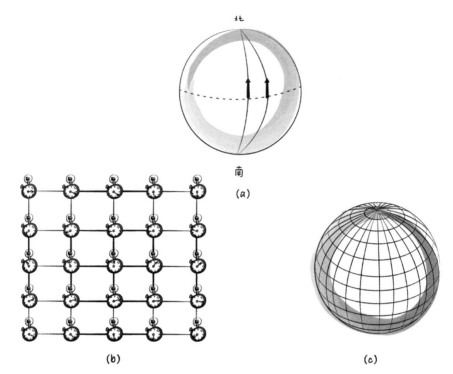

图 2.2 (a) 球面上两个恒定的大经圈；(b) 平面空间内的时空网格，与度规选择一致；(c) 球面的时空网格，在这里，每个点都使用 (b) 中类型的网格

　　那么，光线沿曲线传播是如何发生的呢？我们重新来看球面的例子。图 2.2b 中描述的参照系或惯性参照系，相当于放在球面一点上的一小张纸，这张纸被分成网格且成平面（与球面相切），比如与埃菲尔铁塔这一点相对应的一小张纸。光线又做了什么呢？光线沿着纸的网格前进。但球面是弯曲的，当光线穿过一个无限小的距离时，就到了球面的另外一点，在那里放着另外一张纸，光线又沿着第二张纸的网格前进。通俗点讲，光线"开溜了"，跑到了下一个惯性参照系里（下一张纸上）。当然了，如果这些纸非常接近，光线的移动几乎没有差别。但大家不得不承认，当我们从赤道跑到极点时，累积效应非常大（图 2.2c）：在赤道平行的光线最终在极点相交了。

　　度规在每个点都能展开测量。如果度规在所有点都是一样的，则空间是平面的；如果度规在每个点都变化，比如必须在球面上增加小纸片的情况，则空间很有可能是弯曲的。

实际上，曲率描述了度规从时空中的一点到另一点的变化方式。想象一下，图 2.2c 里纸片的所有末端数据能帮助我们重建球面，并测量球半径。爱因斯坦方程组把曲率与"质量－能量"分布联系起来，明确指出了能量分布如何影响了度规从一点到另一点的变化。

值得注意的是，在图 2.2b 的例子里，我们把时间与空间分成了网格。所以，广义相对论的度规与时空有关。这很重要，因为我们在第一章里已经看到，时间与空间是紧密联系在一起的——运动参照系中的时间膨胀、长度收缩，把空间与时间分开对待没有意义。

经过一番努力，大家想必已经理解了这段关于爱因斯坦方程组的抽象介绍。现在，让我们回到 1915 年的地球。

宇宙会收缩到我们星系吗？

在构想相对论的时代，人类所知的宇宙与 1785 年威廉·赫歇尔在《天堂的构建》（*Remarks on the Construction of the Heavens*）里所描述的宇宙没有太大区别：宇宙由我们的星系——银河系、相互位置固定的全部天体，以及可能存在的、周围大量的真空组成（图 2.3）。人们那时还不知道仙女座星系位于银河系之外。

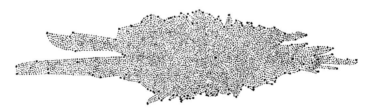

图 2.3　1785 年，威廉·赫歇尔描述的宇宙（源自《天堂的构建》）

爱因斯坦为了把自己的方程组运用到静态的宇宙，寻找了一些与时间无关的解。为此，爱因斯坦需要调整方程组，并引入补充的术语。这些术语被称为"宇宙学项"，取决于一个新的常数，即**宇宙学常数**。

但是，天文观测很快取得了进步，正如天文距离的估算一样。自 1920 年起，美国国家科学院爆发了一场争论：一方面，天文学家希伯·柯蒂斯认为，宇宙是由许多星系构成的，其中某些星系已经确定为旋涡星云①；与之对立，哈罗·沙普利认为宇宙仅由一个大星系组成，旋涡星云只是一些相邻的气体星团。这是一场划时代的辩论，铭刻在天文学历史上，被称为"大辩论"。

1925 年，借助威尔逊山天文台望远镜，爱德文·哈勃研究了"造父变星"，即位于仙女座星系 M31 中的变星。他证实变星之间的距离比沙普利猜想的银河星系规模还要更大。因此，仙女座星系 M31 是一个完全独立的星系，距离我们 250 万光年——这是一个河外星系。

膨胀的宇宙

自从爱因斯坦发表最初几个理论要点以来，方程组的解也相应被提出来。正如我们所知，一种解能从质量–能量数据分布出发，根据时间与空间，明确度规的变化。1915 年底，即爱因斯坦发表相对论理论一个月之后，德国物理学家卡尔·史瓦西指出如何从球状星体外部找到方程组的解。此后，史瓦西应征入伍，前往对俄作战的前线。因此在 1916 年初，爱因斯坦本人在德国科学院替他介绍了这个结论。没过多久，史瓦西在前线染上一种罕见的疾病，不幸去世。"史瓦西解"在广义相对论，尤其是在黑洞理论的确认上发挥着极为重要的作用。我在书中还会反复提到它。

---

① 有趣的是，这一想法重拾了德国哲学家康德早在 1755 年提出的理论。康德在《自然通史和天体论》一书中首先提出星云是"宇宙岛"的概念，并认为由于星云距离地球太遥远，无法从中分辨出独立的恒星。

前面讲过，爱因斯坦为了让方程组有一个与时间无关的解，引入了宇宙学项。然而在 1917 年，威廉·德西特为相同的方程组找到了一个与时间有关的解。到底谁是对的呢？其实不难看出，爱因斯坦最初提出的静态宇宙解包含一些不稳定性。因此，"德西特解"才是统一的解答，前途一片光明：我们将在后面看到，"德西特解"将成为"宇宙暴胀"理论的基础。暴胀阶段是宇宙持续加速膨胀的时期。但是，如果存在与时间有关的解，宇宙为什么还是静态的呢？在 1922 年 6 月，俄国物理学家亚历山大·弗里德曼发表了一个对爱因斯坦极其不利的宇宙膨胀理论。

这个想法很快就通过观测被证实了。首先，1927 年，比利时物理学家乔治·勒梅特在一篇用法语发表的论文里证实了这个想法（图 2.4）；接着在 1929 年，哈勃证实了河外星系以一个与地球之间的距离成正比的速度——退行速度，不断远离我们。河外星系的退行速度与距离的比值是一个常数，人们称之为"哈勃常数"。

如何测量这个退行速度呢？方法就是"光谱测量"，即测量天体发出的光线的波长。我们知道，物体发出的光线有颜色特征，也就是有波长特征。观测者分析物体发出光线的光谱，如果物体相对于观测者

图 2.4　1933 年，乔治·勒梅特在天主教鲁汶大学

运动，光谱的谱线就会移动。这就是著名的"多普勒 – 菲佐效应"——大家可能体验过，当然不是通过光波体验到的，而是通过声波：当消防车接近我们的时候，发出的声音更尖锐，声音频率更高，换种等同的说法就是波长更小；当消防车远离我们的时候（图 2.5a），它发出的声音更低沉，即波长更大。同样，如果我们观测一个星系，并已经知道它含有某些能发出特殊波长的光的物体，

假如该星系相对于我们运动，光的波长也会变动。于是，光谱的移动明确指出了光源正在接近还是在远离我们，即发生蓝移还是红移（图 2.5b）。此外，它还提供了一个速度的精确估算。

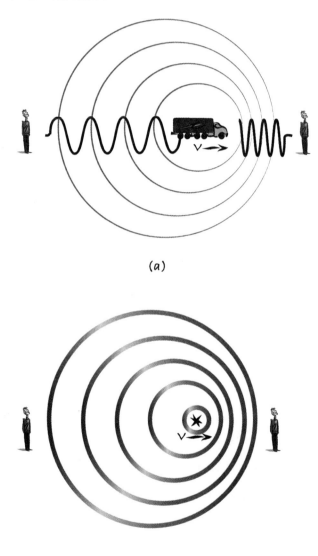

(a)

(b)

图 2.5　声音（a，车辆）和光（b，星系）的多普勒－菲佐效应。在这两种情况下，波的源头都是从左向右移动（见彩页）

勒梅特与哈勃把用上述方法算得的速度与距离加以对比，最终得到了如今人们所知的**哈勃定律**：河外星系的退行速度与它和地球之间的距离成正比。图 2.6 展示了哈勃在 1929 年和 1931 年先后得到的结果；距离用"兆秒差距"（Mpc）表示，相当于 326 万光年；我们星系的大小只有 1/100 兆秒差距的等级，在此考虑的星系肯定是河外星系。

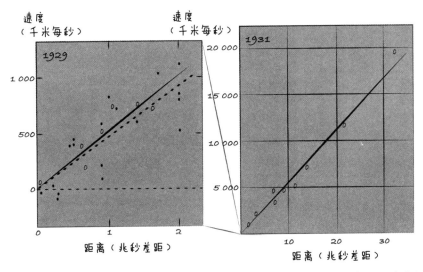

图 2.6 哈勃在 1929 年和 1931 年得到的结果证实了河外星系的退行速度与它和地球之间的距离呈现怎样的线性变化

前面说过，这个比例系数就是哈勃常数。常数值取决于天体物理学距离的测量结果，而这都是一些近似的测量，因此有很多错误（见第六章）。所以，哈勃常数的值一直变化很大，直到最近才被确定下来，即在 70 千米每秒兆秒差距（$km \cdot s^{-1} \cdot Mpc^{-1}$）的数量级。

我们如何用已知的知识来解释这一结果呢？首先，要把宇宙视为一个自己拥有动力的物体，这个动力可以通过爱因斯坦方程组加以概述。度规取决于时间——这好比测量工具的大小，比如尺子，会随着时间的流逝而增大。既然如此，如果我们说宇宙在膨胀，那就意味着距离在不断自行增大。因此，其他星系逐渐远离我们，并不是因为它们与地球发生了相对运动。其实，星系是宇宙里的固定点，是宇宙的结构本身在膨胀。在这个意义上，我们可以通过一个充气气球来比喻（图2.7）：个体星系就是在气球表面上画出的点；当我们给气球充气的时候，它们会自动地拉开距离。这个例子表明，其实不存在优先的观察点：无论你在气球表面的哪个位置，都能看到其他点在远离。

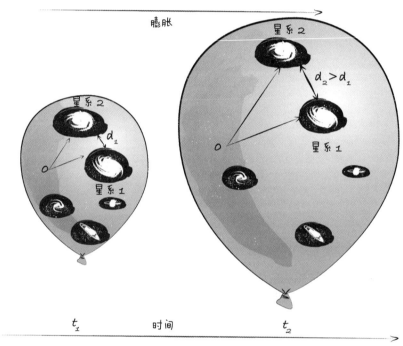

图2.7　宇宙的膨胀对比充气气球的膨胀

两点之间的距离（星系1和星系2）随着气球的膨胀而自动增大。

你可能会想到一个问题：是谁在宇宙里吹气呢？换句话说，谁提供了宇宙膨胀所需的能量？这个问题提得合情合理，证明你完全掌握了能量守恒定律！

遗憾的是，在广义相对论的框架里，很难回答这个问题。因为这里没有针对类似宇宙体系的能量的普适定义。这是广义相对论的局限吗？需要找一个补救办法吗？还是说，能量守恒定律就应该被一个更复杂的定律所取代？看，第二章还没完结，这里就已经冒出一个无解的问题了……假如你想为所有问题都找到答案，那你注定会失望。这个领域里充满了不确定性，在以后的探索中，我们还会遇到其他悬而未决的问题。大家能学会明确地提出问题，这已经是一个很大的进步了。

既然已经提出了一个棘手的问题，不妨再补充一个：根据哈勃定律，一个点离得越远，其远离的速度就越快。有没有一些点正以超过光速的速度（即超过极限的速度或超常速度）远离我们呢？在一些科普书里，你或许会看到各种相互矛盾的答案，尽管这个问题本身很简单。回答是**肯定的**。这应该很让人震惊吧？真空中的光速应当是物理学速度的最大值。但从严格意义上讲，星系的退行速度并不是物理速度。记得之前说过，这些星系并没有移动，是它们与地球之间的空间在膨胀。

最后一个需要解释的问题：宇宙中的所有天体都会经历这种膨胀吗？在实验室里能够测量这种膨胀效应吗？回答是**否定的**。星系和恒星是物质在引力作用下不断吸积形成的；物质形成了结块，它们彼此之间的引力比宇宙结构的扩张作用强得多。这好比把面粉倒在牛奶里稀释，一旦面粉凝结成块，再怎么添加牛奶也不能让结块都消失！人们认为，物质从宇宙膨胀里脱离，然后坠入了星系的**引力阱**。当然，作为引力阱的不同星系也会因宇宙膨胀而相互远离。这就是为什么人们在意识到膨胀的存在并对它加以测量之前，必须先辨认出河外星系。相反，银河系的恒星与地球之间的距离是固定的。因此在 1915 年，爱因斯坦除了静态宇宙无法再提出其他设想。

此外，人们发现宇宙的膨胀甚至非常活跃，与时间有密切关联。事实上，对于一些相对较近的银河系天体（哈勃所研究的天体）而言，哈勃定律的常数，也就是我们所说的"哈勃常数"的值与相对较远的天体的哈勃常数值并不一样。哈勃常数也有历史。因此，有时人们更愿意称之为"哈勃参数"，而把"哈勃常数"一词留给了该参数在最近的宇宙历史中的值——它测量了现今宇宙的膨胀率。

大爆炸模型

宇宙膨胀理论确立后，人们发展出一个与宇宙膨胀的演变相吻合的模型，也就是一个宇宙学模型。让我们马上来看看这个模型。

我们在观测宇宙时，最令人惊叹的就发现星系或星系团等天体。但相对来说，宇宙在最大维度上是同质的。这也意味着，如果我们凝视天空中一块面积足够大、容纳相当多星系团的区域时，其属性与天空中另一块大小相同的区域非常相似。我们把这块天空以质量、辐射等形式所包含的能量与其体积的比值定义为**能量密度**，那么一般来说，能量密度并不取决于我们所考虑的天空部分，而是代表了宇宙里的平均能量密度。

你也许会对我赋予观测者的地位表示担忧：一个身处宇宙其他地方的观测者难道不会测出一个不同的能量密度吗？应该可以。但条件是，我要局限于比较近的距离尺度，如果我们在银河系，那么一个位于银河系外的观测者看到的天空应该会不一样。但我们对宇宙的最大尺度更感兴趣，这样一来，这种星系"细节"就发挥不了太大作用。让我们做个合理的假设，假如宇宙是同质的，人类在宇宙中就没有占据一个特殊点：位于另一点的其他观测者会看到宇宙完全相似的平均特性，尤其是，他们也会测出相同的平均能量密度。

然而宇宙在膨胀，所以，分布在一定体积内的能量将在一个随时间越变越大的体积内被稀释。由此可知，在宇宙演变过程中，能量密度降低了。

另一个重要的概念就是**温度**。一个物体的温度与其分子的运动直接相关。比如，在密闭盒子里的气体，其分子相互碰撞而产生巨大能量（动能），因此气体温度也会升高。如果让盒子变小，分子运动加剧，气体温度会升高；反之，如果加大盒子的体积，又不给气体增加能量（比如对它加热），气体温度会降低。这是宇宙中切切实实在发生的事情。我们可以把宇宙视为一个大盒子，在这个盒子里，粒子（如原子、分子）因持续碰撞而进行热运动。我们可以根据这个热运动确定一个相应的温度。但宇宙在膨胀，这个宇宙"盒子"变大了，而且没人再给粒子气体提供能量，因此宇宙的平均温度会随着时间而降低。

宇宙的温度与分子热运动有着直接关系，物理学家更喜欢用"绝对零度"，即零下 273 摄氏度进行测量，此时分子的热运动为零。这就是热力学温标，单位是开尔文（K），绝对零度相当于约零下 273 摄氏度。比如，3000 开尔文相当于 2727 摄氏度（3000K − 273 = 2727℃）。

我们在这里所说的"宇宙大爆炸模型"展现了这样的场景：**在演变过程中，膨胀的宇宙将越变越稀薄、越变越冷**。相反，如果逆着时间回溯，宇宙会变得越来越稠密、越来越热，直到一个无穷大的密度和温度为止，这就是**奇点**。这难道是广义相对论和量子物理学将被一个新理论统一、取代的信号吗？还是说，这表明物理学描述存在根本的局限性？我们将在焦点 IV 里将重新讨论这个问题。

1950 年，在英国广播公司的一次广播节目中，物理学家弗雷德·霍伊尔将膨胀宇宙模型里出现的这个"原始奇点"好好取笑了一番——霍伊尔强烈反对这一模型，他支持静态宇宙模型。在节目中，霍伊尔把膨胀宇宙模型嘲笑为"大爆炸"（Big Bang），这个想象词汇就从那时起一直沿用下来。因此，人们用"大爆炸模型"指代随时间变稀释、变冷的膨胀宇宙模型。同时，说到该模型里出现的"原始奇点"时，人们也会用"大爆炸"一词。注意，千万不要把两个模型弄混了："大爆炸模型"比"原始大爆炸"的内容更丰富，事实上，前者描述了除了大爆炸之外的所有宇宙演变。这也许是对霍伊尔的事后报复？

焦点 II 光的历史

我们都知道，光拥有一个有限速度。伽利略尝试测量这个速度，但没成功。接着在 17 世纪，丹麦人奥拉·罗默通过天文观测，研究木星的卫星艾欧（Io）的日食周期，并根据木星相对于地球的位置，计算出其日食周期间存在延迟，借此估算了光的速度。

光速的精确测量还需等到 19 世纪，阿尔芒·菲佐与莱昂·傅科展开了一场比赛。事实上，阿拉戈最先激发了众人测量光速的兴趣，但他已经双目失明，只好放弃了研究。但阿拉戈的兴趣点并不在精确测量光速，而是测出光的微粒性和波动性：根据光的微粒说，光在介质里（如水）比在真空里（近似空气）传播得要慢；而牛顿支持却光的波动说，得出了恰恰相反的结论。

菲佐使用了高速运转的齿轮，光从垂直方向紧挨着轮齿传播，并从轮齿的一个缝隙中穿过；光穿过了很长一段距离，往返于巴黎的瓦莱里安峰和蒙马特高地之间；之后，光被镜子反射，沿原路返回，并重新经过了一个轮齿；在光往返的过程中，齿轮转了有限数目的轮齿，只需调节齿轮的旋转速度就可以做到这一点（图 II.1）。根据转过的轮齿数与齿轮的转速，可以推算出光速。

傅科运用了阿拉戈首创的方法——高速旋转的镜子，其原理与菲佐的装置很相似。光照射到一个转动的平面镜上，再反射到一个半球面镜上；在光做往返并最终回到平面镜的时间里，平面镜转一个角度；最后，光线被反射回最初的方向，但转过了一个双倍角。结合镜子的转速，测量这个角度就能计算出光走过所有路程的时间（图 II.2）。

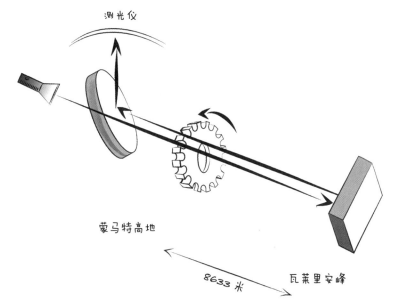

图 II.1 菲佐在 1849 年测量光速时使用的齿轮装置

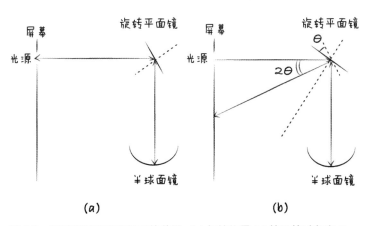

图 II.2 傅科测量光速所使用的装置：(a) 初始位置 (b) 镜子转过角度 θ

傅科貌似在 1850 年 4 月提前 6 个星期赢得了比赛，得出了结论：光在空气中比在水中的传播速度快，光是一个波！量子力学（路易·德布罗意）和爱因斯坦在 20 世纪调和了大家的观点：光既有波动性，也有微粒性（光子）；在真空里，光可以达到最大速度。

为了得到一个更确切的光速值，傅科于 1862 年在巴黎天文台又做了一个新实验。工程师古斯塔夫·福罗芒提供了涡轮和每分钟转 24 000 圈的镜子；更出人意料的是，法国管风琴制造大师卡伐叶也参与进来，提供了压缩空气的鼓风机。这次，傅科测得的光速为 298 000 千米每秒，非常接近后人在真空里测得的精确值 299 792.458 千米每秒。

我们要知道光速的精确值，因为在 1983 年，第 17 届国际度量衡大会决定把长度单位"米"定义为光在 1/299792458 秒时间里在真空中走完的路程。米原器被放弃，人们以宇宙常数——光速，即 299 792 458 米每秒，将"米"的长度明确下来。如果我的法国同胞想熟记这个宇宙常数，我建议他们记住这句记忆法句子："La constante lumineuse restera désormais là, dans votre cervelle."（光速常数从此会留在你的脑海里。）即便你不会法语，也可以猜猜这一记忆法的奥秘在哪里。[①]

光的速度是有限的，这一事实对宇宙观测来说有着重要的影响。特别是，我们看得距离越远，就越能回溯到更久远的时间。因此，我们在天体物理学里经常使用光年这个距离单位，即光在一年时间（31 557 000 秒）里传播的距离。用光速值做一个小小的乘法，你就会发现 1 光年相当于 94 600 亿千米，用 10 的乘方表示即 9.46×10^{15} 米。既然谈到了单位名称，你还会在一些天体物理学书籍里见到"秒差距"（pc）这个单位，1 秒差距等于 3.26 光年的距离，此外还有兆秒差距（Mpc），即 100 万秒差距。

因此，观测宇宙是回溯时间的一个好办法：原则上来说，如果我们能看到 140 亿光年（对应于宇宙的年龄）的距离，我们在那里就可以看见大爆炸。在焦点 VII 里，我们会发现这个问题稍微有点复杂，但展示了观测的潜在能力：我们是在时空里观测。可是，我们真的透彻理解了其中的意义吗？

大家别紧张。我承认，很多物理学家有时候也听凭被一些特别简单、

---

① 答案见本章结尾处。——编者注

不断重复的图像所欺骗。举两个例子，其中一个就是我个人的经历。

同许多法国人一样，我是漫画家马克－安东尼奥·马修的仰慕者。他的作品主题与本书探讨的主题不谋而合：起源、时间和空间、黑洞、多维空间，等等。在马修创作的漫画中，有一本名为《3″》，讲述的是在 3 秒钟里展开的故事：3 秒钟，一道光线需要进行 33 次连续反射。你也许会问，光线为什么会花 3 秒钟进行 33 次反射？这其中有一次反射发生在位于月亮轨道的行星上，月亮距离地球 1.28 光秒①。光走了一个来回，就这么简单！把一个反射 33 次的故事放大来看，无疑让人头晕目眩。这本漫画我看过很多遍，却没有意识到一个无法回避的物理学事实：故事应该从相反角度来讲述，因为我们是通过一个接一个的反射逆向回溯故事进程的。所幸，作者为了便于读者理解，选择按照事件发生的顺序进行叙述，而不只遵从物理学逻辑。同时，马修在网站上为读者准备了一部影片，可以从两个时间方向观看故事。

另一个例子发生在天体物理学领域：一个距离地球 200 万光年的星系现在是什么样子？我们对此一无所知！这个星系发出的光线从出发到抵达地球，过去了整整 200 万年，它可能已经遭受了悲惨的命运……如何了解它今天的现状呢？我们要再等上 200 万年——事实上可能更久，因为宇宙在膨胀。关于这个星系的过去，也就是在 200 万年之前的历史，我们又知道些什么呢？比如说，星系在 300 万年前发出的光在 100 万年前到达地球，如此一来，我们同样一无所知，至少无法直接知晓。

因此，我需要明确一下上文讲过的内容：观测天体光线并不能让我们在时间和空间里达成直接观测的目的，对于所有形式的电磁辐射及其他宇宙信息都是如此，如宇宙射线、中微子，等等；光线的观测仅提供了在时空里的一个切片，而且数目非常有限。

在焦点 III 里，我们还会讲到这个问题。然而，我们已经知道存在两

---

① 长度单位：1 光秒等于光在 1 秒内走过的距离。——译者注

种不同的典型宇宙图像。一种图像沿着时间轴线描述了宇宙，从大爆炸开始，截止至今天，或者直至未来（图II.3）。今天，我们可观测到的宇宙肯定不是整个宇宙，而仅仅局限在一个非常小的空间区域。这部分可观测宇宙在大爆炸时期几乎就是一个点。

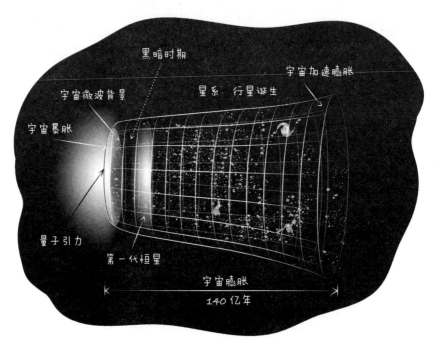

图II.3　用时间轴描述的宇宙历史

　　另一个图像展现的是以今天的观测者为中心的宇宙图像，呈现出同圆心的贝壳纹，每一条纹路对应着与观测者相隔的一定距离，也就是宇宙演变的某一时间。外层最大的贝壳纹代表着大爆炸（图II.4）。

图 II.4　观测者看到的宇宙历史

　　两种图像都正确，只是针对同一事实给出了两个互补版本。在接下来的章节里，我们会更详细地探讨人类迄今所知的宇宙历史，到时候，两种图像会交替使用。

　　* 记忆法：句子中组成每个单词的字母数，从左向右对应着光速值中的数字。你猜对了吗？

第三章

观测宇宙

自然啰，造物主经过了六天的辛劳，

最后连自己也不觉叫好，

当然是一种得意的创造。

——歌德，《浮士德》，1806 年 [1]

我们对研究宇宙历史的方法逐渐有了一个明确的想法。我们不仅要用自己的双眼，还要借助最先进的观测手段来探索宇宙。观测得越远，过去就越清晰。先进的观测设备能带我们回至宇宙一个极其重要的时期，确切地说，就是大爆炸后 38 万年。

通过观测越来越远的天体，我们有两种标尺来测量观测结果跨越的时间。一个是**光年**，它指明了天体发出的光所穿过的距离。我们以此判定当下观测的现象的确切时期。比如，仙女座星系在距地球 250 万光年的地方，光需要 250 万年才能到达地球，因此，我们观测到的是 250 万年前的仙女座星系的状态。另一个标尺是**光谱移动**。在前一章中，我曾经提到过光谱移动是一个数值，通常用 z 来表示。河外天体因宇宙膨胀而产生退行速度，光谱位移值正是用来衡量由此引起的光线频率（或者说波长）的变化。

---

[1] 摘自:《浮士德》，董问樵译，复旦大学出版社，1983。

光谱移动

随着天体不断远离，在地球上观测到的天体的光的波长比原先发射时的波长要长。因此，两者之间的比值大于1，相当于1加一个正数（用 z 来表示），这个正数 z 即光谱移动值。

可见光的波长（图3.1）从紫色光的390纳米变化到红色光的780纳米（1纳米相当于十亿分之一米）。如果光谱移动值一直是正数，则意味着波长应该向最长波长变化，即向红色移动，这就是"红移"。

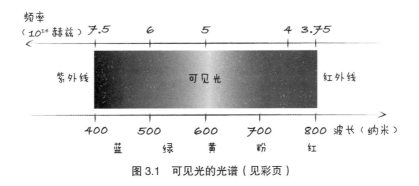

图3.1 可见光的光谱（见彩页）

事实上，有些遥远星系发出的光线的光谱产生了巨大偏移，以至于在地球上观测到的波长已经移动到780纳米之外，也就是跑到了红外线的范围内。而且，这个现象在所有电磁波（甚至是所有波）中更常见，不仅限于可见光的光谱。

还有另一种理解光谱移动的方法。一个天体向遥远星系发出的光的波长，可以帮助其居民定义一个标准长度单位。（或许也叫"米"？）地球人接收到光后，根据光的波长定义自己的长度单位。两个长度单位之间的比值等于1加上光谱移动值（即 $1 + z$），可以用来衡量自光发射以来，宇宙是如何膨胀的。由此可知，在光谱移动值 $z = 1000$ 对应的时期，人类能观测到的这部分宇宙的规模只有今天的千分之一。这也证明了，利用光谱移动来描绘宇宙演变中古时期的特征，确实非常实用。

最后再问一个问题，来检验一下你有没有掌握光谱移动的概念：地球今天的光谱移动值是多少？答案当然是零！因为发出光线的波长与接收光线的波长的比值正好等于 1，也就是 1+ 0，即 $z = 0$。因此，对于地球接收的光线来说，我们今天的光谱移动"时钟"标记为 0。随着我们观测到越来越远的天体，不断回溯时间，光谱移动"时钟"的值也会不断增大。

通往过去之路

从现在开始，我们开始观测过去。离我们最近的天体是我们的恒星——太阳及其行星。一束光用 40 分钟从木星到达了地球。在土星、天王星和海王星之外，冷冻的天体组成了柯伊伯带。接着是奥尔特云，这应该是原始行星星云的残余，其外部边缘是太阳系引力的极限所在，距离太阳 1 到 2 光年。这大约是离太阳系最近的恒星——半人马座 α 三合星中的比邻星与太阳之间距离（4.37 光年）的 $\frac{1}{4}$。在正式离开自己的星系之前，我们要确定一件事：不要混淆我们观测到的天体时期与天体自身真正的年龄。对于 45 亿年前形成的太阳系来说，这一点很明确。

我们不断远行，将会发现自己的星系——银河系的恒星足足有数千亿之多。

这是一个螺旋形星系，呈圆盘状，直径约为 10 万光年，厚度约 1000 光年，中心呈扁球状体（图 3.2）。太阳处在星系的边缘，距离银河系中心约 2.6 万光年，位于银河的一个旋臂——猎户座旋臂之上。但太阳很接近银河系的赤道面（5 光年）。

银行系围绕自己的中心自转。除了位于中心扁球体内的恒星之外，个体恒星的转速在 210 到 240 千米每秒之间。

图 3.2　银河系、猎户座旋臂、太阳系与银河系中心的人马座 A*（见彩页）

　　银河系中心隐藏着一个质量超大、非常致密的天体，称为人马座 A*。人们认为这是一个质量大约相当于 400 万倍太阳质量的黑洞。物理学家认为，大部分星系中心都有一个质量相当于十几万到几百万倍太阳质量的黑洞。我们将在第七章详细介绍黑洞。

　　越过银河系中最新的恒星（距地球 7.8 万光年），我们将会遇到矮星系，可以说，它们是银河系的卫星星系。其中最著名的是大麦哲伦星云与小麦哲伦星云，分别位于 17.9 万和 21 万光年的地方。

　　距银河系最近的星系是仙女座星系，离我们约 250 万光年。这是另一个螺旋形星系，包含大约 1 万亿个恒星（见焦点 III）。仙女座星系、银河系及其周围的小星系一起构成了**本星系群**（图 3.3）。

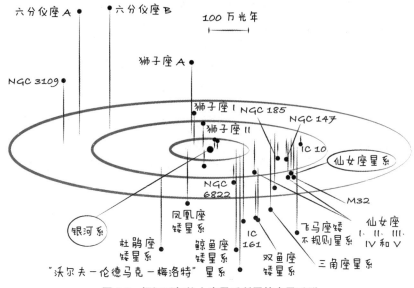

图 3.3　银河系与仙女座星系所属的本星系群

仙女座星系是本星系群里最大的星系。在没有月亮的夜晚，肉眼可以看见其最明亮的中心。本星系群自己也属于一个更宽广的星系团，即室女座星系团。因此，我们的星系际地址应该是：室女座星系团 – 本星系群 – 银河系 – 太阳 – 地球。如果我们还想在时空旅行之后回到家中，可千万别忘了这个地址！当然，这次时空之旅还需要一点想象力——我们并没有真在旅行，而是在地球上仰望天空。

由于宇宙在膨胀，河外星系的天体正在远离我们。除了退行速度，还需考虑一个局部速度——个体速度。这一速度源自星系团内部的引力。拿仙女座星系来说，它在本星系群里的个体速度足够大，因此能以 110 千米每秒的速度向我们靠近：来自仙女座星系的光线发生了光谱蓝移，不是红移！在 40 亿光年之后，仙女座星系和地球或许会发生碰撞，但我们有足够的时间来准备。我们还将看到，星系的碰撞在宇宙物质结构的形成过程中发挥了根本性作用。由此诞生的新星系或许呈椭圆形，也就是说，这会是一个椭圆形星系。

让我们继续远行，这一路上将会遇到很多星系。哈勃天文望远镜拍摄的照片（图 3.4）向我们展示了上万个星系，而可观测宇宙中包含了上千亿个星系。每个斑点或光点都代表了一个星系，除了右下方的一颗恒星。这其中可以辨认出一些正常星系、螺旋形星系和椭圆形星系，还有一些不规则星系，它们也更古老。这些更古老的星系远离我们的速度也更快，它们的光线发生了红移，甚至移动到了红外线区域。然而，这些星系中大部分在照片上呈现浅蓝色。这是因为它们隐藏了一个不断有新恒星诞生的活跃区，恒星的诞生产生了可被哈勃

图 3.4　哈勃望远镜拍摄到的宇宙深处的星系照片（见彩页）

望远镜探测到的紫外线，因此在图片上呈浅蓝色（见彩页）。活跃区形成于距离我们 50 亿到 100 亿光年的星系里。图片上确认的最古老星系是在大爆炸之后几亿年里被看到的！回溯到更远的时间，我们到达了黑暗时期，那时，用来照亮宇宙的恒星还没有诞生。

原始星系的形状是不规则的。我们认为，这是已知大星系在并合时发生碰撞而造成的，这些大星系的形状是规则的螺旋形或椭圆形。所以，这些星系是新近出现的。我们在数十亿可观测到的星系中寻找、研究处于并合过程中不同阶段的双星系统，借此了解星系的并合机制。图 3.5 展现了一些星系并合的例子，这些图片都来自哈勃望远镜丰富的数据库。

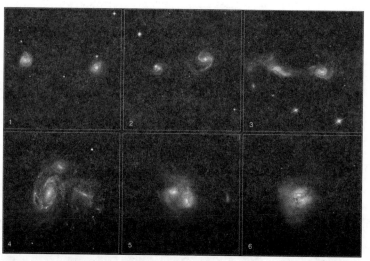

图 3.5 哈勃望远镜拍摄到两个星系不同并合阶段的照片，每张展示了不同的双星体系（见彩页）

原始星系也是恒星的摇篮，每年都有成百上千的恒星诞生；反之，在新近星系中，每年也就形成 2 个恒星。然而，"赫歇尔"望远镜证实了恒星诞生的活动其实不如大家期待的那么气势宏大：这些星系没有充足的气体，也许是因为星系中心黑洞的活动，把一部分气体排出了星系外。如果你认为一切都会被吸入黑洞的话，那么这一结论恐怕会让你震惊吧。我们将会在第七章详细讲解。

星系、星系团、暗物质

　　然而，星系动力还有一个关键因素我们一直没有提及——**暗物质**或**黑体**。就个人而言，我觉得"暗"这个形容词更贴切："暗"与"黑"有所不同，如大家所知，"黑"意味着吸收了光线，例如"黑洞"。

　　1933 年，弗里茨·兹威基确定了暗物质的存在。当时，他在研究后发座星系团，这是一个距地球 3.2 亿光年，包含了数千个已知星系的巨大星系团。更确切地说，兹威基研究了这个星系团中的 7 个星系的速度迷散。兹威基根据牛顿定律研究星系的运动力学，从中得出质量的分布情况：所得总质量[①]比通过光度预测的光度质量大 400 倍。所谓光度质量，指的是天体质量与光度的比值，而典型星系的光度质量仅为太阳的 2 到 10 倍。因此，在这个星系团的星系中或者星系之间，应该存在不发光的物质。在 20 世纪 60 年代到 70 年代，这一论点起初被众人遗忘了，后来逐渐又重新被天文学家们系统地探索与研究，尤其是美国女天文学家薇拉·鲁宾。

　　探索的依据是星系内部的恒星运动。这些与太阳一样的恒星大多聚集在圆盘状的扁平结构中，围绕着星系中心公转。根据牛顿万有引力定律（这里不需要运用相对论！）简单计算可知，这些恒星的转速取决于它们离中心的距离——离得越远，转速越快，直到接近圆盘的边缘，此时，某些较远的恒星转速随着距离变远而减慢。然而，对很多恒星的观测结果却显示，即便在离星系中心很远的地方，恒星转速也是恒定的（图 3.6）。如果想理解这条"旋转曲线"的含义，必须设定星系里存在不发光的物质，而且相对于恒星这类可见的亮物质，不发光的物质位于距离星系中心比较远的地方。今天，人们认为每个星系都有一个暗物质构成的近球形光晕。这些暗物质也同样存在于星系团，乃至整个宇宙中。它的属性目前尚不知晓，尽管粒子物理学已经给出了许多潜在的候选答案。

[①]　即引力质量。——译者注

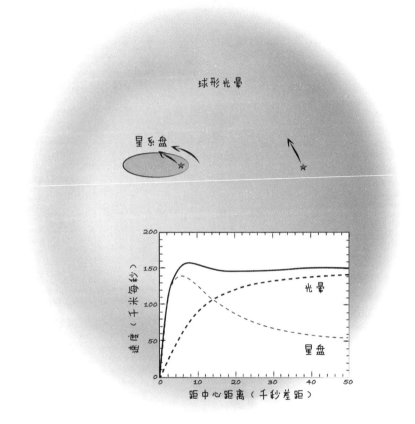

图 3.6　螺旋星系 NGC 3198（距地球约 40 光年）的旋转曲线，展示了恒星转速随着远离星系中心（单位"千秒差距"，相当于 3200 光年）而发生的变化

标注"圆盘"的虚线代表了星系圆盘中的普通物质；标注"光晕"的加黑虚线代表了球形光晕里的物质。这两条曲线的总和（实线）与观测结果一致。

　　暗物质的出现对于理解星系形成的机制来说必不可少。数字模拟显示，实际上，首先是这些暗物质在引力的作用下围绕在局部聚集的物质开始集中，也就是在内核的周围集中，我们将会在第五章解释恒星内核的起源。暗物质组成巨大结构，被包围着更真空区域的细丝连接在一起（图 3.7）。

　　气体——由质子、中子和电子形成的寻常物质，沉入聚集在一起的暗物质里（与引力阱里的反应一样），形成了如今可观测到的星系和星系团。人们还发现了一些结构如同"墙壁"一样的薄层，长 5 亿光年、宽 2 亿光年、厚 1500 万光年的结构，就与圈住真空的细丝有关。

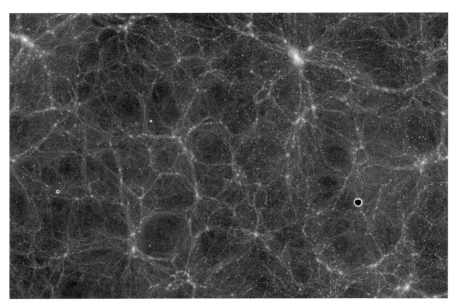

图 3.7　由数字模拟宇宙间的暗物质分布（图片来源：The Millennium Simulation © V.Springel/Virgo Consortium）

　　物质是如何随着宇宙演变而逐渐形成的？暗物质在引力的作用下落入堆积的物质中，这一过程会随着宇宙演变而不断加速。引力将普通物质也吸入引力阱里，然后形成了我们看到的星系。这些星系在最初时刻是不规则的，质量也不大。通过"碰撞－并合"过程，星系的质量慢慢变得庞大，形状也越来越规则，直到形成局部宇宙中的大星系。可以说，这一结构化过程不断发展、愈加复杂，伴随着行星体系的出现，直至生命的诞生——如今，人脑的形成是这一过程的最后阶段。

　　相反，如果时光倒流，物质结构变得越来越不规则，并开始解体。伴随这一过程，宇宙也越来越趋于同质。回溯时间，平均温度上升，哪怕是最微观的分子、原子结构也都开始瓦解。从某个温度开始，热起伏足够大，破坏了原子之间、电子与原子之间的联系，最终释放出基础粒子。我们称这时的宇宙为"最原始"宇宙，即最早期的宇宙，它如同用基础粒子"熬成"的一锅同质的"汤"。对于基础物理学来说，这个宇宙是一个绝佳的实验室。我们会在下一章回到这个问题。现在，我们留在通向原始宇宙之路的关键阶段，即"复合"（recombination）时期。

复合与宇宙背景

当光谱移动值为 1100 时，也就是可见宇宙只有当前大小的 1/1100 时，对应的大概是宇宙大爆炸 38 万年之后。那时的宇宙很热，温度达到 3000 开尔文。热起伏的能量足以打破构成原子的电子与原子核之间的联系。

就拿氢原子举例，氢原子的结构最简单，但也是最原始时期最丰富的原子。我们知道，氢原子由一个带负电荷电子（$-e$）和一个带正电荷的质子（$+e$）组成，所以氢原子呈中性（$-e + e = 0$）。在原始宇宙的 3000 开尔文高温之下，电子逃离质子，也可以说，氢发生了电离（图 3.8）。

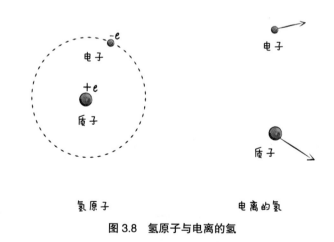

图 3.8 氢原子与电离的氢

然而，光是个电磁波，被发出后再被电荷吸收。光会与带电物体相互起作用，与中性物体却不起作用。如此一来，在宇宙中传播的所有光都会忽视中性的氢原子，而与电子和质子发生作用。如果存在很多光线的话，光甚至还会被捕捉——别忘了，原始宇宙非常稠密。

这就解释了宇宙在今天为什么是透明的。除了稠密的天体，宇宙还被中性氢云所占据，而中性氢云对光来说是透明的。

如果我们回溯到温度 3000 开尔文的时期之前，那么氢，或更普遍地说是所有物质，都呈电离态。那时，宇宙充满了所谓"不透光"的电离等离子体。于是，所有产生的光、所有产生的光子都会被立刻再吸收：光在这样的介质中是不能传播的。

趁此机会，我来澄清一个错误观点，当涉及不透明的原始宇宙时，有一个错误观点会造成理解上的困难：人们经常把大爆炸想象为一个非常明亮的闪光，这意味着，能量消散了。但需要明确指出的是，光的确发散了，但立刻就被再次吸收。

对人类观测而言，这又意味着什么呢？当我们"看"得足够远，能够到达这一时期，"目光"会碰到一堵不透明的墙，一个黑体。我们就再也什么都看不到了吗？未必，因为黑体会发出辐射。

为了理解这一点，我们需要回到 20 世纪初，量子物理学诞生的时候——确切地说是在 1900 年，普朗克完成了一个重大发现。我们知道，物体的颜色与其反射出的电磁辐射（光）的波长有关。在理想情况下，黑体是一个吸收所有电磁辐射的物体，无论它们的波长是多少。但在 19 世纪末，人们注意到一个加热到一定温度的黑体（比如炉子）也会发出辐射，辐射的光谱是用温度来刻画的。人们已经清楚其中的物理学原因——这源自物体原子之间的热运动，但对光谱的形态还一无所知。于是，普朗克给出了关键的解释：辐射的传播并不是连续的，而是通过能量粒子或量子进行的。每个光粒子携带与这个光的频率成比例的能量，这一比例常数成为一个新的基本常数，称为"普朗克常数"（记为 h）。

量子物理学诞生了！虽然普朗克最初很难接受它，而且认为这不过是一个数字戏法。直到多年后，爱因斯坦才重新提及光的微粒属性的价值：普朗克的能量粒子是光子。**光既有波的性质，也有粒子的性质**。随着物理学不断发展，光的属性一个个显示了出来。

让我们回到"目光"撞上的那堵不透明的墙。人们观测到足够远的地方——直至大爆炸之后 38 万年的宇宙，宇宙进入了复合时期。此时，宇宙是一个温度为 3000 开尔文的完美黑体。我们要来观测与之有关的辐射。20 世纪 40 年代，伽莫夫预言存在这种辐射，而在 1964 年，阿尔诺·彭齐亚斯与罗伯特·威尔逊在偶然间发现了它，二人因此获得了 1978 年的诺贝尔物理学奖。彭齐亚斯和威尔逊在贝尔实验室研究一个新的天线模型时，发现了一个未知的噪声来源。于是，他们想方设法弄清这是什么。这一辐射的同质性和各向同性（即在各个方向都一样）特点，最终说服科学界承认了它的宇宙性质。

这一电磁辐射位于微波区域，在红外线和无线电波之间。这恰恰就是一个温度达 3000 开尔文、光谱移动值为 1100 的黑体的辐射：若用温度除以 1100（3000÷1100），即得到 2.73 开尔文。1990 年，这一结果被"宇宙背景探测者"（COBE）卫星证实，轰动一时：约翰·马瑟负责主导的远红外线游离光谱仪（FIRAS）精确地测量了辐射的光谱，并把它与一个卫星搭载的人造黑体相互对比，两者展现出惊人的一致性（图 3.9）。

这一辐射被称为"宇宙微波背景辐射"。其光子产生于大爆炸之后 38 万年，没有经受干扰就直接到达了地球，因为从复合时期开始，宇宙是透明的。这就是我们谈论"第一缕光"的原因。从前，宇宙阻碍光子的传播，吸收了所有发出的光线。原始宇宙被视为一个不透光、高温的黑体，当我们知道第一缕光恰恰来自原始宇宙时，怎能不惊叹？当我们在最大维度的宇宙范畴里重新认识了这个黑体，并由此催生了量子物理学和微观物理学，又怎能不激动？

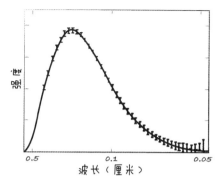

图 3.9 "宇宙背景探测者"卫星（左图）；宇宙微波背景的光谱数据：光线强度随波长变化，图中的点代表了观测到的数据；该数据与温度为 2.735 开尔文的理想黑体的光谱进行了对比（右图）

"宇宙背景探测者"卫星还带来了另一个了不起的结论：乔治·斯穆特主管的微差微波辐射计（DMR）发现了宇宙微波背景里的各向异性——由于观测方位不同，黑体的温度有一些很轻微的变化（从 1 到 10 000 的等级）。但这是另一段故事了，我们将会在第五章讲到。约翰·马瑟和斯穆特都获得了2006 年的诺贝尔物理学奖。

焦点 III　从仙女座星系看宇宙

> 现在就是过去。
>
> ——《今昔物语集》，源隆国，共收录 1059 篇故事

　　想象一下，你身处一个行星之上，行星围绕着仙女座星系的一颗恒星转动。你将如何审视宇宙呢？让我们从介绍仙女座星系开始吧。这个星系的编号为 M31 或者 NGC 224[①]。这是一个螺旋形的星系，直径约为 14 万光年，包含了大概 1 万亿个天体的星系（图 III.1）。因此，仙女座星系比银河系大，但其总质量大约是上万亿倍的太阳质量，比银河系的总质量略轻一点。这个星系的中心隐藏了一个二元结构的恒星星团：其中一个恒星星团的中心包含着一个相当于上亿倍太阳质量的黑洞！仙女座星系圆盘是弯曲的，也许是受到卫星星系的影响。

图 III.1　仙女座星系及其两个卫星星系 M32 和 M110（见彩页）

---

① 这两个编号分别为仙女座星系在《梅西耶星表》和《星云星团新总表》（NGC）的编号位。——译者注

欧洲宇航局的"红外空间天文台"（ISO）拍到的红外线照片显示了一些堆积着尘埃与空气的同心结构，其中一个离星系中心大概 3 万光年。这个结构的中心与星系中心是错开的，或许是因为这样一个事实：在 2.1 亿年前，仙女座星系与椭圆小星系 M32（图 III.1）碰撞，并夺走了后者一部分物质。仙女座星系的旋转曲线显示，直到大约 8 万光年的距离，其自转速度为 200 千米每秒，这明显指出了暗物质的存在。

从仙女座星系观测宇宙，我们仙女座人在天空中首先会看到星系内的恒星，然后辨认出一些河外天体，或许是本星系群的卫星星系（图 3.3）；之后，我们才会辨认出 250 万光年之外的银河系（图 3.2）——一个与仙女座星系非常相似的螺旋形星系。

如果想寻找生命的痕迹，我们也许会在猎户座旋臂内找到一个恒星——太阳，还有它的行星体系，而其中一个称为"地球"的行星貌似适于生命居住。此后，更前沿的研究将指出地球上存在一些高等生物，与我们仙女座人非常相似，我们称之为"银河人"。看起来，这些银河人刚刚出现，还没有时间发展出文明。

今天，这些银河人的演化到哪一步了呢？我们接收到的光线与信息都是 250 万年前的，在此期间，银河人可能已经消失了。或者有一个极小的可能，他们也发展出了一个与我们仙女座人一样先进的文明。

为什么不给他们发一个信息？银河人将在 250 万年后收到它。不过，他们在这 500 万年的时间里可千万不能消失，而且必须发展出一个能存续下来的文明，这样才能接收到我们的信息……然后，我们还要再等上 250 万年才能收到他们的答复。或许，我们还有另外一种方式与银河人相遇：这次全看仙女座文明的寿数了！银河系以 110 千米每秒的速度接近我们。仙女座星系的天体物理学家预测两个星系在大概 40 亿年后会碰撞在一起，形成一个唯一的椭圆星系。我们甚至为这场惊天动地的大事件做了模拟（图 III.2）。现在，很难预测我们自己的恒星和他们的太阳会变成什么样子。有人认为，我们的恒星多多少少会被保护起来：其实，大碰撞发生地点与我们之间的距离比我们行星星系的直径还要大得多。在未来，这惊心动魄的一幕只会是遥远夜空中的一场奇景。在这场宇宙芭蕾舞结束之后，我们的恒星和他们的太阳会变成邻居吗？还是说，二者之一会被放逐到一个新星系？

　　仙女座文明还能存续 40 亿年，让我们最终观测到这个现象吗？照目前的发展趋势，恐怕够呛！

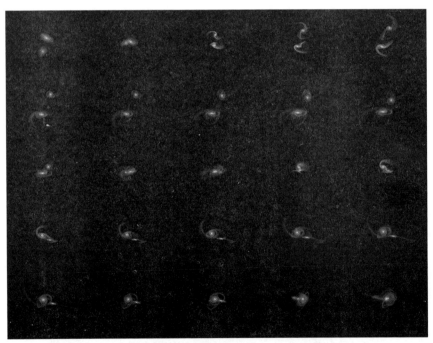

图 III.2　仙女座星系与银河系碰撞的模拟（这些照片间隔了 1.7 亿年）

　　还是暂时把银河人的命运交给他们自己担心去吧。让我们来看一看银河系之外的天空，也就是本星系群之外的天空。在更远的距离上，我们观测到一些结构完美的星系，螺旋星系或椭圆星系；然后是一些不太明亮（因为离得更远）而且更不规则（因为更古老）的星系。几年前，仙女座航天局（National Andromedian Space Agency）发射的太空望远镜拍摄到一张照片（图3.4），从中可以清楚辨认各种不同类型的星系。

我想，如果银河人，或其他星系的人，在宇宙某处也发展出相似的太空探测手段，他们拍到的照片应该差不多一样。而这仅是观测工作的表面矛盾之一：每个观测者都位于一个特殊点，大家各自以某种方式看到的宇宙应该是不同的；因为观测者仰望每个天体所处的时期，取决于他的位置。比如，我们现在看到的是当下的仙女座星系，以及250万年前的银河系。然而，宇宙里天体的数量和宇宙在大尺度上的同质性，让每个单独的观测者能从整体上考虑宇宙。对星系碰撞感兴趣的人，可以在宇宙许多点观测到与碰撞每个阶段相对应的图像，把它们首尾相接，就能重建星系"碰撞－并合"的影片（图3.5）。

伟大的仙女座思想家布莱士·帕斯卡（1623—1662）在他著名的《沉思录》中精辟地阐述了这一明显的矛盾："宇宙囊括了我，并像吞掉一个点一样吞没了我；但借由思想，我又囊括了宇宙。"

第四章

两个无穷：可调解，不可调解？

通过观测，我们回溯宇宙历史直至大爆炸后 38 万年。宇宙的年龄估计为 140 亿年，看起来，我们已经走过了关键的一段路。然而，我们所说的"原始宇宙"历史，也就是最初的这 38 万年，其实是一段很丰富的历史。实际上，我们接下来将看到，在最初 3 分钟里发生的故事才是最重要的情节。这"最初 3 分钟"也给史蒂文·温伯格的精彩名作《最初三分钟》提供了书名。

这个貌似惊人的发现也有个起因：无论用秒还是年来测量时间，都不能完全恰当地描述原始宇宙。一个简单的例子就能讲明白：假设在嘉年华那天，我们跑去尝试冒险游戏，高空跳水、翻滚过山车……体验一次自由落体的感觉。自由落体持续 1 到 2 秒，接下来的几分钟里就没什么可说的了：车辆慢慢减速，然后停下，我们走出游戏设施，在集市上散步。然而，在自由落体的一两秒里，发生了很多事情。我说的不仅仅是心理时间。展开整个事件细节的好方法就是测量垂直位移——下落位移十多米，接下来大约几十厘米。

原始宇宙的演化也基本相似。这一演化的其他测量方式其实比时间测量更现实：我们可以使用光谱移动，计算如今的可测宇宙的规模缩小了多少；我们可以使用宇宙平均温度；我们还可以把这个温度换算成能量单位，因为热量也是能量的一种形式——这是传统方式，本章也要沿用。我们还将谈到粒子物理加速器，因此还会用到这一领域的能量单位"电子伏"。

在连通 1 伏特电压的电路中，一个处于运动状态的电子得到的能量（动能）就是 1 电子伏（eV）。欧洲核子研究组织的大型强子对撞机（LHC）能提供 1.4 万吉电子伏（GeV，1 吉电子伏相当于 10 亿电子伏）的能量为粒子加速。复合时期的宇宙温度是 3000 开尔文，相当于 0.26 电子伏。而宇宙现今的温度仅对应于那时 $\frac{1}{1100}$ 的能量，大概是 0.00024 电子伏。

　　回到翻滚过山车的例子：在下落时，测量能量就是测量垂直位移。宇宙复合时期与今天相隔大约 140 亿年，因此，这期间的观测也仅能探知能量处于 0.26 到 0.00024 电子伏之间的宇宙。相反，探索宇宙复合时期之前那最初的 38 万年，能让我们研究能量超过 0.26 电子伏之外的宇宙。尤其，大型强子对撞机高达 1.4 万吉电子伏的能量能一直追溯到大爆炸之后 10^{-15} 秒的宇宙。

　　我们对比了加速器与原始宇宙里的能量刻度，现在是时候来讨论一下这两种方式之间的关联了。人们经常说，欧洲核子研究组织再现了接近大爆炸的条件。这并不确切，别忘了，原始宇宙既酷热又稠密。对撞机通过为粒子加速，重现了原始宇宙中的能量条件，但是它肯定无法重现密度条件。更确切地讲，在这些加速器中，一些新的粒子在高能级的条件下诞生，这也是原始宇宙热扰动中所产生的粒子。加速器正是在这个意义上为了我们重现了远古宇宙的面貌，对"无穷小"的研究帮我们理解了这个"无穷大"的宇宙。反过来看，关于原始宇宙的研究也为微观物理学提供了一个绝佳的实验室。宇宙的最初时刻能不能帮助我们调和这两个无穷呢？

　　在本章末，我们还会回到这个问题。但首先，我们要回到刚才的时间旅行，回到过去，直至宇宙复合时期，即大爆炸之后 38 万年。[①]这一次，我们不再以当下时间为标准——这些时刻全部都是 140 亿年前的时间点——而是以自

----

① 这里用"复合"（recombination）一词其实并不恰当，应该说"组合"（combination）才对，因为在这个时期，电子和质子第一次组合在一起，形成了电中性的氢原子。

大爆炸以来消逝的时间来定义时刻；或者，以能量层级作为标准（图 4.1 ）。

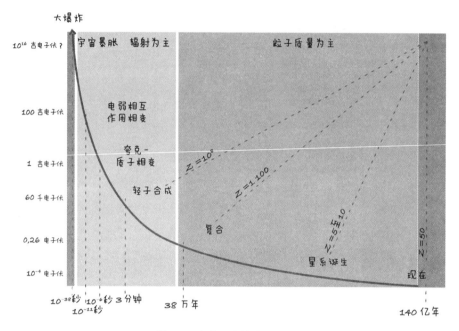

图 4.1　宇宙历史的主要阶段

横坐标为大爆炸以来流逝的时间，纵坐标为能量（单位为电子伏或其倍数，1 千电子伏
=1000 电子伏，1 吉电子伏 =10^9 电子伏），点状斜线代表光谱移动值（z）。不同灰度代
表了不同时期。期间，在宇宙中占主导地位的能量组成部分也不同，包括真空能量
（深灰）、辐射能量（浅灰）、粒子质量能量（中灰）。

在复合时期，最知名的能量形式是质量，无论是普通物质（重子）还是暗
物质。但在大爆炸之后大约 4 万年时间里，事实并非如此。在这段遥远的时
期，大概从大爆炸之后，占主要地位的是辐射。其表现为，随时间流逝，可测
宇宙规模的演变速度比较慢。

无论被辐射还是被质量主宰，宇宙都保持着一个特性：随着演变进程，膨
胀在减速。我们再回到翻滚过山车的例子：一旦过山车到达最大速度，摩擦就
会使它减速，一直减速直至到达终点。当然，如果向过去回溯的话，膨胀速度
越来越快。

元素合成

在大爆炸之后 10 秒到 20 分钟之间，即能量处于 0.01 到 0.0001 吉电子伏之间，或者说温度处于 10 亿到 1000 万开尔文之间的时候，出现了一个重要阶段——元素的合成阶段，更确切地说是原子核的合成阶段，术语中称为"核聚变"。还是伽莫夫澄清了宇宙演变这一重要阶段的真相。

物质的结构

通常，物质由原子组成，每个原子由一个构成其主要质量的核心原子核（正电荷）和非常轻的电子（负电荷）组成。原子核本身由质子（正电荷）和中子（不带电）构成。最后，质子和中子各由 3 个夸克构成。强核力把质子（或中子）内部的夸克，以及把原子核内部的质子与中子联结在一起。电磁力则把电子（负电荷）与原子核（正电荷）连接在一起（图 4.2）。

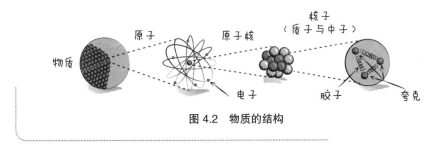

图 4.2　物质的结构

在原始宇宙里，介入的能量足够大，能够打乱原子甚至是原子核的结构：在这一锅基础粒子"汤"里有电子、质子、中子，甚至夸克。随着温度的降低，质子与中子将聚集成一些越来越复杂的结构。于是，质子与中子联合形成了氘核（重氢核），然后，聚集或核聚变的过程产生了一些越来越重的原子核。

宇宙"乐高"游戏

质子与中子是最基础的积木，1个质子和1个中子组装成一个氘核；然后，2个质子和1个中子组成一个氦-3；2个质子和2个中子组成一个氦-4；4个质子和3个中子组成一个铍-7；3个质子和4个中子组成一个锂-7。这些核里最稳定的是氦-4（图4.3）。

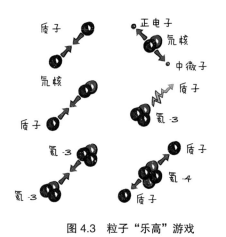

图4.3 粒子"乐高"游戏

在充分了解了这一过程中所发生的核反应之后，物理学家们证实，这一阶段完成之时，宇宙中8%的原子核是氦-4，约占总质量的25%。当温度继续降低，可用能量不足以支持聚变反应：自那时起，各个组成部分注定是要分开的。人们对氦-4的预言被观测证实了，并成为大爆炸最早成功的量子模型之一。而锂-7的状况却不明朗，关于它，许多观测给出了不一致的结论。不过，锂电池和用于医学治疗的锂盐中的锂，在宇宙演变的最初几分钟就被合成了，想想非常有趣。

那么，更重的原子核，如碳、氧、铁……来自哪里呢？物理学家认为，它们诞生在宇宙演变的稍晚阶段。确切地说，不存在由8种成分构成的稳定原子核。这里就遇到了一个瓶颈，让我们没办法继续玩7块以上积木搭建的宇宙"乐高"游戏。更重的元素在恒星内核里形成，那里密度更大，氦-4核发生了三重碰撞，继而产生了碳——我们还是越过了瓶颈。因此，重核通过恒星内部的核反应产生。当恒星走到生命的尽头，爆炸成为超新星时，重核将分散到周围宇宙空间中。因此，在地球上出现的所有铁原本都在众多恒星内部合成，之后，在恒星最后的爆炸中被迸发出去。所有碳也一样。从这个意义上讲，我们不过是恒星的尘埃……

轻元素合成的预言，尤其是宇宙中氦裂变的预言最终被证实，我们相信自己已经彻底了解了从大爆炸之后 1 分钟开始的宇宙历史。特别是，人们对这个时期的膨胀率估算得相当准确：如果膨胀率更快（或更慢），就消减（或增加）一些计算的分数。对于大爆炸早一点的历史，我们手中没有这么详细的观测结果，只能大胆推测当时的宇宙情景。而推测主要建立在"标准模型"上，以及在最近 50 年间逐步建立起来的基础粒子理论的基础上，图 4.4 总结了这个理论。

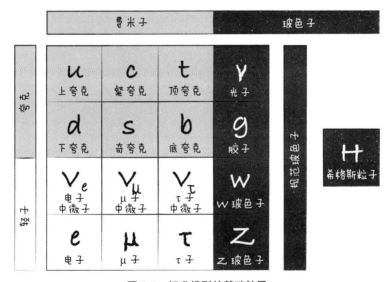

图 4.4　标准模型的基础粒子

6 类夸克（u、c、t、d、s、b）和 6 类轻子（电子、电子中微子、μ 子、μ 子中微子、τ 子、τ 子中微子）都是费米子；4 类玻色子是力的媒介：光子（电磁力）、胶子（强核力）、玻色子 W 和 Z（弱核力）。希格斯粒子的场是唯一的标量场。

非引力的基本相互作用的标准模型

从 20 世纪 60 年代起，我们知道质子和中子由 3 个夸克组成。夸克被强核力（强相互作用）"幽禁"在质子或中子内部，不存在自由状态。在 20 世纪 70 年代，相互作用理论诞生了——"量子色动力学"成为基本相互作用标准模型的支柱之一。根据这一理论，强核力的介质是胶子，胶子与光子相似，也是电磁相互作用的介质；夸克通过交换胶子相互作用；胶子起到约束夸克的作用。通过相互作用，它们将彼此束缚。

标准模型还有两个层面：一是电磁力（电磁相互作用），其介质是光子；二是弱核力（弱相互作用），即 β 射线的来源，其传递介质是被称为 W 和 Z 的中间玻色子，后者于 1983 年由欧洲核子研究组织发现。事实上，标准模型实现了这两种基本相互作用的统一，并证实即使它们大不相同，但其实都是一个高能级的统一力——电弱相互作用在低能级的两个互补形式。为了实现电弱统一理论，只需引入一个漏掉的环节——希格斯场：在高能级，它的值为零，电磁力和弱核力有相同的特点（电弱相互作用）；在低能级，它有一个非零的值，电磁力和弱核力相互不同。

力在物质的基本成分之间起作用。构成物质的基本粒子有 12 个——6 个夸克和 6 个称为轻子的粒子，轻子中最有名的是电子和中微子（图 4.4）。需要指出的是，标准模型小心回避第四种已知的基本力，也就是我们关注的焦点——引力。

2012 年，随着欧洲核子研究中心发现了与希格斯场相关的希格斯粒子（正如电磁场与光子有关），标准模型得到了完美的证实。

相变

大爆炸之后 10^{-6} 秒，宇宙从夸克－胶子阶段相变到可识别粒子阶段，也就是说，夸克聚集形成质子和中子。"相变"这个词非常形象，比如水沸腾时，我们会说这是从液体过渡到气体的相变。

另一个相变发生在更原始的时期，与电弱相互作用的统一和希格斯场值的变化有关。但在描述这个电弱相互作用的相变之前，我想先讲一讲希格斯场。

首先，**场**是什么？在日常用语中，无论是英语中的 field 还是法语中的 champ，指的都是一块种了植物的土地。"场"的每个点都能传达信息，描述这块地里的某一点是播了种子还是长着杂草，填满土壤还是布满碎石。对于物理学家来讲，"场"就是在一部分空间中的一个**物理量数据**。比如，水池里的压力场或速度场，某一面积上或容积内的电力场，或是一个天体附近的引力场。

波，其实就是一个运动中的场。一个时空区域内所有点的电磁场在所有时刻的数据，最终展现出来就是电磁波。因此，波是一个时空中的场。然而，我们在第三章看到，在相对论量子力学里，所有波都能用与粒子有关的术语来解释：电磁波，尤其是光，可以被视为光子的重叠。因此，时空场与粒子之间存在二重性。这就是为什么相对论量子力学也被称为"场的量子理论"。

这样一来，光子与电磁场之间也有二重性。在希格斯粒子与场——自然而然被称为"希格斯场"——之间也有相同的二重性。所谓"二重性"是指，根据物理学情景，唯一的"希格斯"实体以场或粒子的形式出现，就如同"光"以"场－波"或光子的形式出现一样。

2012 年，欧洲核子研究组织发现了希格斯粒子，同时标志着希格斯场的发现。①但在标准模型框架下，希格斯场的一些特性把它与其他已知的量子场区分开——这是一个标量场。为了理解"标量场"的概念，我们先回到电磁场：电磁场的每个点不仅表示电场与磁场的值，也取决于场的方向（比如，指南针指出的磁场方向），这就是所谓的"向量"。因此电磁场又被成为**向量场**。相反，希格斯场的大小是定义场的唯一数据，不存在相关方向——这里不再是向量，而是**标量**。由此，人们得出一个出人意料的结论：希格斯场在所有时空都有一个恒定的值。但电磁场并不是这样，由于其具有向量属性，这意味着空间里有一个优先的方向，而这在自然界并没有被观察到。你可以在日落时分对比一下向日葵田与麦田，向日葵田指出了太阳落山的方向，它是"向量的"；麦田没有优选的方向，它是"标量的"。

标准模型运用了希格斯场在所有时空里都有恒定值的特性。难道说，到处都有希格斯粒子吗？不完全是。实际上，粒子不过是位于相应场的时间与空间里的一个扰动。这些扰动可以具有量子性质，在这种情况下，其生命非常短暂（这里说的是一些"虚粒子"，我们只能探测出它们的统计学效应）；它们也可以是传统性质的粒子，与探测器中观测到的粒子一致。

量子真空与希格斯场

现在出现了一个核心概念，尽管它有些难以理解。但你大可放心，在接下来的章节里，我会多次回到这一概念——这就是**量子真空**。在日常用语中，"真空"就是去除一切后剩下的东西。如果不把它当成一个时空框架，重新引入一些粒子、原子、分子的话，真空貌似价值不大……在量子力学领域，我们可以生成真空吗？从严格意义上讲是不可以的，因为总会有一些虚粒子出现或消失，无法从这些微观波动中区分出真空。所以，人们倾向于用基本状态——

---

① 请参考阅读乔恩·巴特沃思所著的《希格斯粒子是如何找到的？来自史上最大物理实验的内部故事》（人民邮电出版社，2016 年）。——编者注

最小能量状态来代替真空概念。传统真空中的零能量，加上微小但数量众多的波动能量，这些波动从统计意义上也贡献了能量，这就是"最小能量状态"。这听上去有点复杂了，但物理学家通常会把这个概念加上，并把这个基本状态称为"量子真空"。问题的根源来了：这不过是一个语言表达上的混淆，量子真空其实不是真空，有时候连物理学家也被他们自己制造的文字游戏骗倒了。每次看到"量子真空"这个词，大家要记得，这就是基本状态。

为了让大家更好地理解这个概念，我举一个声音的例子：在摄影棚里，摄影师在某一布景里拍摄了不同场景后，录音师要求整个拍摄团队保持沉默，然后记录静音；事后，录音师利用这些静音完成衔接。影片中的布景装饰、房间面积、出场演员、当日的天气都是有特点的。虽然没有声音，却充满了声音的起伏波动。量子真空也是一样，它就是录音师重建声音时所用的背景。

回到希格斯场，其主要作用是与其他场或粒子耦合。标准模型的其他粒子都与希格斯场起反应，而希格斯场在全宇宙中都有一个非零值，因此，其他粒子都有质量。为了理解什么是质量，人们起初一直在引力的道路上前行，谁知却是微观物理学向众人打开了未知的前景。由于引力在标准模型框架之外，我们这里讨论的是惯性质量。在标准模型中，一个粒子的惯性质量不但与量子真空中的希格斯场值（所有粒子的场值都一样）成正比，同时也和粒子与希格斯场的相互作用的强度也成正比。这种相互作用称为粒子与希格斯粒子的耦合，也是希格斯粒子的特性。顶夸克是不是比电子重 600 万倍呢？这是因为两种粒子与希格斯粒子的耦合强度相差 600 万倍。弱核力的媒介——玻色子 W 和 Z 与希格斯的耦合给了它们质量，也赋予了一些专属于弱核力的特性。

简单了解希格斯场之后，我们就能够探索当温度为 10 万亿开尔文（如果用 10 的乘方来表示就是 10^{13} 开尔文，相当于 100 多吉电子伏的能量）时，也就是在大爆炸之后 10^{-10} 秒，电弱相互作用的相变过程由什么物质构成。当温度更高时（即在更早时期），电磁力和弱核力变成了唯一的、统一的力——电弱相互作用（图 4.5）。这与希格斯场在相变中的某一特殊行为有关：在温度高于过渡温度时，希格斯场的值在真空中为零；接下来，所有粒子都失去质量，尤其是传递弱核力的介质——中间玻色子 W 和 Z 的质量也和光子一样都变为零。于是弱核力也归于电弱相互作用，也就是说，力最终统一，对称性恢复，粒子之间的不同变得模糊。所以，随着我们向大爆炸追溯，粒子不仅会丧失结构，其行为之间的差异也会越来越模糊，逐渐变得更对称。

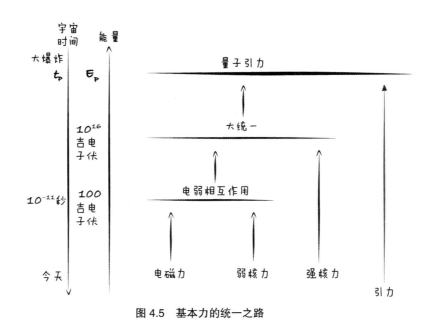

图 4.5 基本力的统一之路

人们假设，迈向统一的步伐会继续，在能量处于 10^{16} 吉电子伏时，强核力和电弱相互作用将变成一个统一力的两种表现形式。这就是物理学家所说的"大统一"阶段（图 4.5）。但目前，还没有确切的实验能证明这一点。

反物质之谜

当我们回溯时间，沿着宇宙演变的反方向前进的时候，就回到一个更基础、更对称的状态；相反，如果沿着演变方向前行，就会目睹更多的区分与结构化过程（图 4.5）。

我刚才有意搁置了一个话题。这个话题应该与原始宇宙演变的重要时期息息相关，这就是物质与反物质的区分。我们已经十分了解什么是物质。1931年，保罗·狄拉克预言了反物质的存在。从那时起，反物质对公众一直很有吸引力。然而，它其实与普通物质一样无聊：正如狄拉克证实的那样，每个粒子都有反粒子，如电子的反粒子是正电子——这也是第一个被发现的反粒子。1932年，卡尔·安德森发现了正电子，从而证实了狄拉克的预言。粒子与反粒子会让彼此湮灭，所以，如果能量起伏不能在很短时间内创造出一对"粒子–反粒子"，它们共存的机会微乎其微。这也是量子涨落在真空中的存在形式。

真正有趣的地方并不是反粒子所构成的反物质，而是反物质在宇宙演变中的消失过程。起初，人们假设曾出现过一次相变，宇宙一部分被物质占据，另一部分被反物质占据，两者如同水和油一样分离；物质与反物质之间的边界应该是它们的湮灭之地，所以无法在宇宙中观测到。或许，物质与反物质之间出现了微弱的不平衡，导致宇宙演变快速扩大，直到几乎所有反物质的痕迹都消失不见。前苏联物理学家安德烈·萨哈罗夫陈述了发生失衡的必要条件。但人们仍然不晓得宇宙演变的哪一时刻发生了失衡。但是，反物质的消失让物质结构从此无忧无虑地发展起来，再也不用冒着与反物质结构相互湮灭的风险。

普朗克尺度与量子引力：连接无穷大与无穷小?

直到这里，我很少提及引力，而一直把核心位置留给标准模型描述的其他三种基本力，以便了解宇宙演变的几个关键阶段，尽管引力才是这场演变的动力。

随着我们不断向大爆炸时期逼近，在这条通向"大统一"的路上，引力会出现吗？如果引力会出现，那应该从哪个时期开始呢？为了找到答案，我们需要一个引力量子理论，与标准模型建立关联。在这个问题上，如今已经有了一些理论建设，但没有任何经过实验验证的预测。我们会回到这个核心问题，给出清晰的界定范围。

首先，世上很可能根本不存在引力的量子理论，也就是说，引力理论在本质上是一个非量子理论。如果事实真是如此，考虑到时空结构与引力之间的关系，我们很难知晓当接近大爆炸时期时，时间和空间的动力会变成什么样子，而我们碰到的理论困难也会难以解释。

伽利略早就教会大家如何运用"量纲分析"的力量，来面对、解决新问题。所谓量纲分析，就是在明确适当的参数后，把它们结合起来，赋予参数被研究量的"量纲"，即单位。

伽利略与量纲分析

我们用一个非常著名的例子来阐述伽利略的研究方法。伽利略观察比萨大教堂吊灯架的摆动周期，借此走上了落体运动普通性的道路。一个质量为 m（单位为千克）的吊灯架，挂在一个长度为 l（单位为米）的绳子上，重力加速度 g 等于 10 米每平方秒。如何根据这些质量和长度的量来解释摆锤运动的周期，即两次摆动之间以秒来测量的时间？稍微想一想，我们会发现 l/g 的单位是平方秒，因此，摆动周期应该根据 l/g 的平方根而变化，而与质量无关。这正是伽利略在比萨大教堂里所观测到的结果！

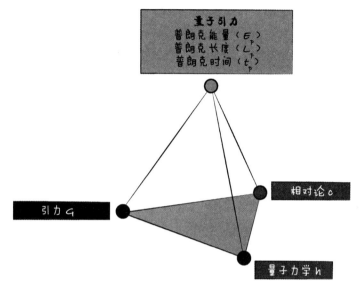

图 4.6　如何根据引力（常数 G，单位 m³·kg⁻¹·s⁻²）、量子力学（常数 h，单位 m²·kg·s⁻¹）和相对论（光速 c，单位 m·s⁻¹）中相关的基本常数，创建量子引力尺度呢？

依据伽利略的例子，我们可以确定量子引力的能量尺度（图 4.6），这其中用到了代表引力的引力常数 G、代表量子物理的普朗克常数 h 和代表相对论的光速 c。这三个常量很容易组成一个拥有能量量纲的新尺度，单位平方米千克每二次方秒（m²·kg·s⁻²），这就是"普朗克能量"，相当于约 10^{19} 吉电子伏。我们还可以写出这三个基本常数的另一个以"米"为单位的组合，即"普朗克长度"，相当于约 10^{-35} 米——这是一个极小的距离，展示出人们心中的"无穷小"概念。最后一个组合以秒为单位，称为"普朗克时间"，即 10^{-43} 秒。普朗克时间确定了"普朗克时期"的期限，即紧接在大爆炸之后，宇宙演化被量子引力所支配的时期。

当然，刚刚这种"在小纸条上的计算"无法创建出任何理论，但它指出了我们在何种尺度上能解答量子引力理论不存在的问题。这也就是说，在宇宙中，大爆炸之后 10^{-43} 秒之内，当能量扰动达到 10^{19} 吉电子伏时；或在粒子加速器中，实验距离达到 10^{-34} 米级别的那一天（希望很小）。考虑到引力与时空的关联，在这些距离尺度上，空间与时间的概念可能会量子化。

关于引力与量子力学之间的关联，我将在书中慢慢呈现，而且内容一章比一章丰富。现在，我先为大家介绍一个新成员——引力。实际上，正如两个电荷之间的电磁力可以在量子背景下用两个电荷之间的光子互换来解释，两个质量之间的引力也可以在量子框架下用"引力子"的互换来解释。光子是光线的粒子，引力子就是引力的粒子。同样，强核力是以胶子为介质，而弱核力以玻色子 W 和 Z 为介质。

我特意用"介质"一词，是为了把相关现象与日常用语挂钩：准确地说，基本力尽管以间接而不是直接的方式起作用，但也是以光子的速度（光速）或引力子的速度"即刻"产生作用；"直接"意味着"没有介质"，同时也有暗含着"即刻、马上"的意义；相反，"间接"意味着需要借助介质。所以用"介质"一词最确切。虽然日常用语有时存在理解上的陷阱，但也能展现出高效的语言表达能力。

从这些基础介质粒子的角度来看，力的逐步统一首先是在光子、玻色子 W 和 Z 的层面上，即电弱相互作用的统一；然后加入胶子，实现强弱相互作用的大统一；最后，为了实现引力与量子理论的终极统一，还需加入引力子的假设。

帕斯卡的"两个无穷"

通过在最大尺度上观测宇宙，我们了解了微粒及其最基本的相互作用；借助世界上最强大的粒子加速器，我们探测到最微小尺度上的物质，找到了破解宇宙最初状态的信息。在历史上，很多思想家都预感到这种"你中有我、我中有你"的情景，但没人像今天的科学家这样上心。

　　曾有一位思想家以最犀利的方式提出过这个问题，他就是帕斯卡。《沉思录》中有一篇著名的文章名为"两个无穷"（Deux Infinis）。文章写于 1658 年，这并非偶然。回想一下，1609 年 8 月 21 日，伽利略向威尼斯总督展示了第一架天文望远镜。接下来，伽利略借助这架望远镜看到了月亮上的山峰，驳斥了亚里士多德学说中"月亮表面光滑、完美"的理论；之后，他又破解了银河系的性质，发现了木星的存在——伟大的旅行开始了。同样在 1609 年，伽利略设计出复合式显微镜 Occhiolino①。这是显微镜的前身，由一个凸面透镜和一个凹面透镜构成。而真正的显微镜诞生于荷兰，是眼镜商詹森父子发明的。对无穷小和无穷大两个世界经过大概 50 年的研究后，帕斯卡的文章才问世。这一发展历程与我们在今天面临的情形差别不大：今天，我们也需要大约 50 年的太空探索，以及粒子加速器对亚显微世界的研究积累，才能得到结论。所以，帕斯卡会赞叹"科学的两个无穷"，并能提出"人在无穷中的意义是什么"这一问题，其实一点也不惊人。

　　帕斯卡这篇文章的全文都值得读一读。文章展现出帕斯卡既是一个沉醉于两个无穷的科学家，也是继笛卡儿之后，又一个在无穷中看到上帝存在的依据、秉持基督教信仰的思想家。

　　对我们来说，帕斯卡的研究步骤中最有趣的一点是，他把两个无穷——"巨大的无穷"与"极小的无限"——连接起来的方式："我不仅想描述可视的宇宙，还想在原子这个缩影内看到自然的广袤。我想在其中看到宇宙的无垠，万物各有苍穹、植物、土地，与可见世界有着相同比例。"

　　帕斯卡告诫众人："万物皆有因也有果，间接或直接地从旁受助，也对外施援。一个自然而无法感知的纽带把所有事物维系在一起，把最远、最不同的事物联系起来。我坚信，不了解全部就不可能了解部分，同样，不了解部分也无法掌握全部。"这是对每位科学家的劝诫，也是给本书所有读者的箴言：不要过于专注细节而忽略了全局，也不要在全局面前放弃细节的证据。

---

① 意大利语意为"眨眼睛"。——译者注

焦点 IV 大爆炸

世界如此之新，许多东西甚至没有名字，想提起它们的时候，还需要用手指去指。

——马尔克斯，《百年孤独》，1967 年

一切都源于一个玩笑。

天文学家在 20 世纪 30 年代至 40 年代发展了一个宇宙模型：回溯时间，宇宙模型变得越来越热、越来越稠密。结果在某个时刻，物理学家用方程组指出了温度和密度趋向于无穷。这说明他们的方程是错误的，还是说，我们到达了时间的边缘？出于谦虚，谨慎的物理学家选择了第一个答案，但第二个答案更令人向往——它属于一则人类钟爱的起源神话。宇宙和时空或许在一个原始的大爆炸里产生，然后依据宇宙膨胀原理不断演变，最后慢慢地冷却下来。我们之前讲过，英国物理学家弗雷德·霍伊尔支持静态宇宙理论，竭力贬低这个原始爆炸理论，并戏称之为"大爆炸"。

这倒更像是对原始宇宙时期的赞美之词。"大爆炸"的画面非常吸引人，公众很快接受了这种说法，不仅因为它与起源神话之间的天然联系，也因为它在大爆炸之后的科学领域和大爆炸之前无法描述的情景之间建立了一个明确、令人安心的界限。我经常碰到业余科学爱好者（有时甚至是科学家！）准备推翻现代天文学已有的全部认识——除了大爆炸。大家甚至将之占为己有："噢，不，你们什么都能改，就是别碰大爆炸！"然而，大爆炸是物理学家的发明，只是一个形象化的词汇，用于定义一个宇宙时期。我们还不能回答这个时期的所有问题，有时描述这些问题都还有点困难……但公众不习惯听到科学家承认自己的无知，甚至会立刻断定这个答案来自于科学界。此外，正如帕斯卡所讲的那样，原始宇宙这一主题涉及了根本性的思想问题，与哲学和宗教问题近似。

让我们试着确切解释这些问题，就从排除错误观点开始。错误观点会阻碍人们提出正确的问题：在大爆炸时，宇宙并没有收缩到如曲别针头般大小的体积！你吃惊吗？然而，我们将看到，宇宙在任何可能性上都是无限的。一个十多岁的孩子曾问我，宇宙怎么能从曲别针头那么大，变到无限大呢？其实吧，宇宙没能实现这么大变化。这真是孩子嘴里讨实话：在大爆炸时，宇宙很可能已经是无限大的。

如何理解这一点呢？当我们回溯时间时，宇宙难道不是在收缩吗？确实如此，但宇宙不至于变成有限大小！举个例子，假设你有一根无限长的绳子，它没有尽头，绳子上标记着一些等距的白色痕迹。假设绳子在长度上进行了收缩：每过一秒，两个连续标记之间的距离缩成一半。在 3 秒钟尽头，两个连续标记之间的距离变成 $\frac{1}{2^3}$，即 $\frac{1}{8}$；10 秒钟过后，距离变为 $\frac{1}{2^{10}}$，即 $\frac{1}{10^{24}}$。如果你选取了两个最初相距 1 千米的标记，在 20 秒之后，它们之间的距离变为 $\frac{1}{2^{20}}$ 千米，即 1 毫米——接近曲别针头的大小。然而，绳子是无限长的，换句话说，收缩导致任意两点之间相互靠近，而不是从无限变成有限。

事实上，概念的混淆源自图 II.3 展示的这类图示。在图中，大爆炸看上去像一个光点，这种图示本不该被视为对全宇宙的诠释，而应该被仅仅理解为今天可观测的那一部分宇宙。实际上，这一可知部分非常有限。宇宙有 140 亿年历史，光线仅穿过了大爆炸之后 140 亿光年的距离，正如之前例子中绳子上间隔 1 千米的标记一样，这 140 亿光年的跨度在大爆炸之后收缩成了一个很小的区域。我们又回到了宇宙的传统形象。但你也看到，我们对整个宇宙的看法已经改变：比如，我们现在非常靠近曲别针头的另一个区域——曲别针头在今天形成了另一个 140 亿光年的区域，但我们与之没有接触。

我们在上文中看到，随着回溯时间，大爆炸会呈现出奇特表现——拥有无限的温度和密度，物理学家称之为"奇点"。我们应当回溯到那一刻，还是说，我们已经超越了理论有效性的界限？实际上，无限温度意味着无限能量，所以这里的能量高于普朗克能量。我们已经触及量子引力范畴，但还没有一个令人满意的完整理论，即一个能够与广义相对论（描述了引力）和场的量子理论（描述其他基本力）天衣无缝地统一起来的理论。换句话说，我们目前掌握的理论对于高于普朗克能量的能量形式来讲都是无效的。从时间角度看，奇点时刻的时间小于普朗克时间（10^{-43} 秒）。难道大爆炸出现"奇点"仅仅是由于我们没能在时间和能量尺度内找到合适的理论吗？或者，大爆炸的奇点是起源问题与生俱来的一部分？恐怕只有更深入的研究才能解答这些问题。

研究的核心目标当然是创建一种理论，一种能够把包括引力在内的所有已知基本相互作用都统一起来的理论。有一个理论背负了众人的期望，这就是弦理论。这一量子理论不把最基本的物质结构视为点状的粒子，而视为线状"弦"。这些微型弦的尺度引入了一个基本距离的新尺度；结合新的距离尺度，还能创建新的时间尺度和能量尺度。自此，粒子被视为弦的振动模式，如同微型弦的谐波一样。当弦理论在 1970 年诞生的时候，约翰·施瓦茨和乔尔·谢尔克就已经认识到，有一种粒子具备引力子的全部特性，所以这是一个引力的量子理论。弦理论最令人吃惊的地方是，在量子级别上的内部严密性让空间维度明显超过了四维。这意味着，当我们接近弦的能量级别时（离大爆炸很近），会发现一些新的空间维度！在下面的章节中，我会再讲到弦理论——弦理论的成功，以及理论学家在长达 50 多年的研究中所遇到的种种困难。

让我们把焦点从某一单个理论上移开，回想一下引力理论与时空结构之间的紧密联系。为了构思一个引力的量子理论，或许应该从根本上改变时间和空间的概念。在 20 世纪初，量子理论正是基于这一点发展起来的。数百年间，绝大多数科学家们都曾把物质视为"连续介质"：只需看看周围的物体就能说服自己了！然而，人们之后发现了物质的原子结构，还有一个违背大众常识的事实：物体基本上由真空构成，物质仅聚集在原子核周围；与原子本身的大小相比，原子核的尺度非常小。

在未来统一引力与量子力学的理论中，时间和空间又会变成什么样子？是否应该把时空与粒子的不连续结构结合起来，就像我们曾经对物质所做的那样？或许不必。但有一种可能，在非常靠近大爆炸时，我们所熟知的概念应该被其他概念取代——目前，这些新概念就像20世纪初的原子那样不为人知。关于未知的概念，我们仅有一些模糊的想法或理论雏形，但它们极大影响了我们的世界观。实际上，这意味着我们所了解的时空很可能是在普朗克时期才出现的概念。因此，还有一些概念是在比普朗克尺度更大的时间与距离范围中出现的。在这些理论中，是否存在一个"大爆炸之前"的宇宙？既然时间的概念都有可能发生变化，这个问题或许根本不存在。

第五章

宇宙最初的时刻：从膨胀到第一缕光

> 喧闹的虚无，无一赘物。
>
> ——马拉美，《纯洁的指甲……》，1887 年

在简单回顾了前两章的内容之后，让我们继续前进吧！现在，我们来到大爆炸之后的瞬时——宇宙暴胀阶段。在这个阶段，膨胀速度非常快，确切地说是呈指数加快。这个近乎要爆炸的阶段经常与大爆炸混淆。但要注意：大爆炸并不一定要与"爆炸"联系起来，这其实是一个笼统的术语，用来定义在方程有效范围之外的宇宙演变。人们所知的定律能完美描述暴胀阶段：它发生在普朗克时期之后，而且很有可能紧接在普朗克时期之后。这里完全不需要引力的量子理论，尽管本章既会用到引力的概念，也会用到量子力学的概念。

20 世纪 80 年代初，阿列克谢·斯塔罗宾斯基、阿兰·古斯、安德烈·林德、安德烈斯·阿尔布雷希特和保罗·斯泰恩哈特等人提出了不同形式的暴胀场景。我在前两章中讲到，有些根本问题是以研究标准宇宙学模型为目标的。而暴胀场景的假设正是为了解决这些问题。20 世纪 70 年代初，前苏联物理学家雅可夫·泽尔多维奇给出了视界和平面问题的答案。

视界问题

　　"视界"是宇宙学的核心概念，也是相对论的焦点。视界与因果性原理密切相关。根据因果性原理，原因先于结果。确切来讲，唯一能够影响当下事件的是那些发生在过去的事件。事件是什么？它是时空中某一点的数据——在某个地方、某个日期的数据。比如，"莫里哀之死"发生于 1673 年 2 月 17 日晚上 10 点，地点在他巴黎黎塞留路 40 号的家中——这就是一个事件。今天早上，我让牛奶洒出了锅——这是另一个事件。这两个事件之间有因果联系吗？有可能。比如，我在今天早上读了一本关于"莫里哀之死"的书，所以没有注意到锅里奶快溢出来了。相反，因果关系告诉我们，"莫里哀之死"不取决于"今天早上牛奶溢出锅"这件事。

　　这都是大家熟知的道理。但在宇宙范围内，因果关系并不那么容易理解，特别是当出现一个最大传播速度——光速的时候。根据因果性原理，只有发生在过去的事件能对发生在今天的事件产生影响。但过去又是什么？在原则上，这是我们当下可以从中提取信息的一整个事件。然而，根据爱因斯坦的理论，信息传播的最大速度等于光速。宇宙有 140 亿岁，这意味着，在宇宙中一些距我们 140 亿光年之外的点并没有存在在过去中，因为信息没有时间到达地球（图 5.1）。我们已经看到仙女座星系在距离地球 250 万光年的地方，那么，这个星系在两年前发生的事情，或者在莫里哀去世那天发生的事情，还在我们的过去里吗？不在，因为信息到达地球需要 250 万年。

　　我们注意到，只有时空中的一片有限区域，也就是在宇宙中的某一整个事件才在我们的过去里。这个区域有一个边界，人们借用一个生动的比喻，称之为"视界"。在视界之内的事物才在我们的过去里，并能影响今天发生在我们身上的事件，那些视界之外的事件就不会产生这种影响。

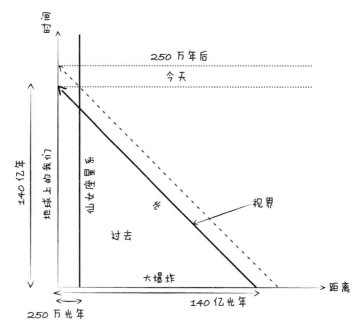

图 5.1 光线的传播历程

图中展示了在大爆炸时期发出的光线的传播，以及今天（实斜线）或
250 万年后（点斜线）到达地球的光线。

视界圈起来的这片时空区域，首先取决于观测者：对于我和身在仙女座星系的观测者来说，视界内的时空区域是不一样的。同时，它也取决于时间：在250 万年后，仙女座星系在莫里哀去世那天发生的事情将会进入我的过去，影响未来发生在我身上的事件。相反，我在复合时期（光谱移动值为 1100 的时期）的过去是收缩的，因为从那时起，宇宙开始膨胀——我在那时的视界比今天的视界小。

这里就出现了一个原则性问题。事实上，我们已经认识到，彭齐亚斯和威尔逊探测到的宇宙微波背景是各向同性的，即在所有方向都具有绝对相同的特性。然而，在它出现的时期，视界在强烈收缩：当我们注视今天的天空，视角大于 1 度的两个区域在复合时期属于不同视界（图 5.2）。复合时期的不同天空区域自大爆炸以来就无法交流信息，但从宇宙微波背景的角度来看，不同区域如今竟然具有完全相同的特性，这是怎么回事呢？

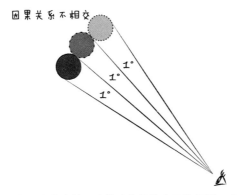

图 5.2 望向天空，在复合时期发出的宇宙微波背景的光子的视界；当时的视界约是今天视界的 $\frac{1}{30}$（$\frac{1}{\sqrt{1100}}$）

开放、闭合、平坦？

我曾在第二章中着重讲过引力使时空弯曲的事实。实际上，爱因斯坦方程组的解描述了四维时空——三维空间和一维时间，将所有维度归结为一个非零曲率。但这并不意味着空间（三维）本身是弯曲的，我们将在下一章将看到，空间从任何可能性来看都是平坦的。

我们已经解释过什么是"平坦"空间，尤其什么是"不平坦"的空间，以及如何区分。首先提醒一下，在日常用语中，"平面"一词指的是一个平的表面或水平面，即一个二维平面或一个用两个坐标定位一个点的平面。但我们周围的空间有三个维度。对物理学家而言，如果欧几里得几何公理在空间里适用，这就是个"平坦"空间。比如"两条平行线永远不会相交"这条公理：我们已经看到，质量会使光线局部弯曲，因此在非平面空间（即曲面）中，平行线会弯曲并最终相遇，这也是很正常的事。为了便于表达，我们用二维平面来解释不同的概念，在二维平面里，观测更简单（图 5.3），但大家要记得"平坦"并不意味着"平面"。

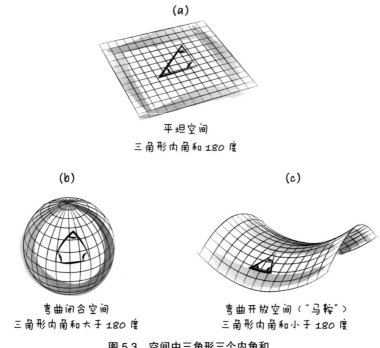

图 5.3　空间中三角形三个内角和

图 5.3 展示了一个二维的**平坦**空间。如果在其中画一个三角形（图 5.3a），学校里教授的知识（还是欧几里得！）会告诉我们，三角形内角之和是 180 度。在曲面上，这个答案就不对了，最经典的例子是球体。如果在球体里画一个三角形，它的边肯定是弯曲的，这时内角和大于 180 度（图 5.3b）。这是一个**弯曲闭合**的表面，如同球体一样。需要注意的是，球体的半径越大，球面越平缓，三角形内角和越接近 180 度。是否存在一些表面，其中的三角形内角和小于 180 度？当然有，这就是**弯曲开放**的表面，二维平面图表现的最经典的例子是"马鞍"（图 5.3c）。

现在提一个问题，看看你是否真的明白了：圆柱体的表面是平坦的还是弯曲的？闭合的还是开放的？为了回答这个问题，你只需要在圆柱体上画一个三角形：拿一张纸，画一个三角形；然后把纸的对边粘在一起，就得到了一个圆柱体；这时，三角形内角和为 180 度。你刚刚发现了圆柱体的平面几何学！

我们的宇宙在空间上是平坦的吗？换句话说，宇宙空间本身是平坦的吗？或许只需在空间里画一个三角形就能回答这个问题了。但是，如果曲线的半径达到了宇宙的尺度，我们根本不可能测量三角形的内角和，甚至连画出一个宇宙规模的三角形都不行……

所幸，爱因斯坦方程组把几何学与宇宙能量联系起来。恰巧，对于我们这个同质、同性的宇宙而言，宇宙平均能量密度与空间曲率之间存在一个非常简单的关系：如果能量密度与一个临界密度相同，空间是平坦的；如果能量密度高于这个值，空间是闭合的；如果能量密度低于这个值，空间是开放的。现今所知的**临界密度**是 10^{-26} 千克每立方米——算不上大数字，但要记住，这是全宇宙的平均能量密度。我们银河系的密度最大。

这对宇宙景观产生了巨大影响。对于一个闭合宇宙而言，膨胀阶段之后是一个收缩阶段。在收缩阶段，宇宙趋向于一个新的奇点——"大挤压"（Big Crunch），随后新一次大爆炸将再次启动。如此循环往复，形成一个周期性现象。

在 20 世纪 70 至 80 年代，宇宙中确认的所有发光或暗的质量顶多贡献了 30% 的临界密度。因此，除非我们漏算了宇宙的某个部分，否则，可以就此推测空间是开放的。

平坦性问题

临界密度随宇宙演变而变化，正如宇宙里的平均能量密度一样。实际上，这两者之间的相对差距与膨胀速度成反比。我们已经发现，在宇宙演变期间，膨胀速度在下降。因此，两个值之间的相对差距在未来应该不断增加；如果我们回溯时间，相对差距就会减小。而问题就出在这：宇宙很古老，我们可以一直回溯到非常远古的时期。通过详细的计算，我们得知宇宙现在的能量密度如果是临界密度的30%，即 0.3 = 1 − 0.7，那么，能量密度在大统一时期应该为 1 − 10^{-58}，当时的能量应该在 10^{16} 吉电子伏级别。换句话说，那时的空间应该相当平坦。这是为什么呢？

暴胀时期

刚刚讨论的视界或平面问题，貌似对宇宙加速膨胀的情景假设更为有利——至少在某个时期是如此。这一情景名为宇宙暴胀，阿兰·古斯在20世纪80年代初提出了这一理论。

这个想法显得相对笼统，基本不依赖于被明确选定的模型——古斯模型里的大统一。但它在量子真空能量理论里发挥了核心作用。

在相变过程中，量子真空发生重组。这两个阶段各自相关的能量起伏具有不同的性质，真空能量也发生了改变：在第二阶段，真空能量注定更小，否则，能量储存将阻止相变。如果相变过程很慢，有可能存在一个潜伏期，宇宙在某段时间里停留在更高能级的原始真空状态。存储的真空能量贡献给了"宇宙暴胀"，即宇宙的呈指数膨胀。这一现象确切地讲是在1917年被德西特确认。

这不是一个偶然。在爱因斯坦方程组里，真空能量是一个宇宙学项，而且大家应该记得，德西特正是利用宇宙学项破解了爱因斯坦方程组，得到了想要的结果。在膨胀作用下，物理距离相对于时间呈指数增加。膨胀率是恒定的，因此膨胀在逐渐加速。

膨胀是如何停止的呢？相变必须完成，因此系统中注定有内在的不稳定性，在一段时间之后占据上风。量子真空等同于较弱的能量状态（在第二阶段相当于真空）。加速膨胀阶段自然就停止了。

如果可测宇宙确实来自与原始宇宙因果相关的区域，膨胀就必须把距离至

少增加一个 10^{26} 的系数。图 5.4 阐述了大爆炸及之后，可观测宇宙及视界是如何演变的。

宇宙暴胀解决了平坦性问题

从本质上讲，宇宙呈指数膨胀其实就是加速膨胀（速度随着时间而增大）。在暴胀阶段，宇宙的能量密度迅速接近临界值。人们预测这个值在今天等于 10^{-26} 千克每立方米，而且宇宙在空间上是平坦的。从某种含义上，暴胀阶段抚平了所有的空间曲率。

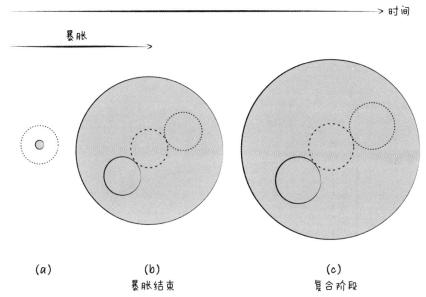

图 5.4　现今可观测宇宙（灰色部分）和视界（圆圈代表）各自的规模演变
　　在从 (a) 到 (b) 的暴胀阶段，可观测宇宙的体积迅速增大，而视界大小不变；在从 (b) 到 (c) 的复合阶段，可观测宇宙和视界的增加更缓慢。

一个潜在的难题冒了出来：物质去哪了？暴胀阶段以惊人的效率冲淡了"粒子汤"，每个视界里只留下了几颗粒子。对于构成可观测宇宙（即我们的视界）里可能存在的数千亿星系所必须的物质，这点粒子根本不够。

事实上，暴胀最后在一个加热阶段中结束。在加热过程中，物质再生了——新物质形成了我们现在的宇宙。为了讲得更清楚，我将引用一个力学类比，这是从伽利略的斜板实验（见第一章）中得到的启发。

图 5.5 展示了一个形状特别的"斜板"。起初，板子倾斜度极小，近乎水平，但并不完全水平；然后，板子迅速倾斜，直至变成一个盆形。一个滚珠以近乎为零的初始速度从 A 点出发。假设摩擦力很微弱，但并不为零。滚珠的运动方式不难预测：首先，滚珠沿着近乎水平的板子非常缓慢地运动（真空 1 里储存的能量导致了暴胀阶段）；然后，在落入盆里之前，滚珠运动加速（暴胀停止）；最后，滚珠落在盆里的最低点，并来回摆动（加热阶段）。在摩擦力的作用下，滚珠的摆动幅度逐渐减小，最终在盆底 B 点稳定下来。

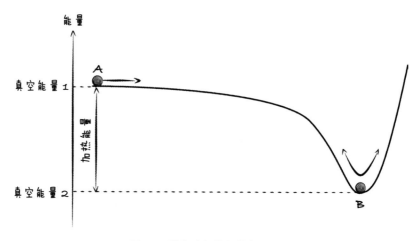

图 5.5　暴胀阶段的力学类比实验

从真空 1（球的原始位置 A）到真空 2（位置 B）的暴胀阶段中，还伴随着摆动阶段（加热阶段），在最后这一阶段，不同能量转换成了热量（产生粒子）。

从能量角度来看，球在初始位置的重力产生的能量，在摆动阶段的摩擦力作用下，转换成了热量。初始阶段相当于原始量子真空，盆底相当于最终真空。在类比中，以热量形式消耗的能量，就是在加热阶段产生粒子所必需的能量。根据可用能量推算，暴胀阶段结束时的宇宙温度基本上会很高。接下来的场景与传统的大爆炸模型一样：宇宙逐渐变冷，也变得越来越稀薄。

暴胀的标准场景里出现了一个希格斯场类型的标量场。我们已经知道，希格斯场在原始宇宙时期的值为零，之后在相变过程中才获得了今天的值。在宇宙历史中，标量场可以改变自身在真空中的值，相当于量子真空能量发生的变化。而真空能量的变化会产生一些非常重要的宇宙学效应。

现在，你已经认识了一个以相变为基础的暴胀场景。此外还有许多其他可以考虑的模型，理论学家的想象力是无穷的。但所有模型基本上都根据同一个原理运行。

暴胀场景帮助人们解决了不少与标准宇宙学模型有关的宇宙学问题。暴胀阶段位于大爆炸之后的最初时刻，能融合标准宇宙学模型的所有成果。但它能验证这些预言吗？我讲过该场景的一个预言：现今的宇宙在空间上是平坦的，也就是说，能量平均密度是 10^{-26} 千克每立方米。直到 20 世纪 90 年代末，观测结果与这个预测都不一致。后面我们将会看到，人们由此证实，宇宙的一个能量组成被忽视了。

另一个预言是彭齐亚斯和威尔逊于 1964 年发现的宇宙微波背景各向异性。我们已经看到，宇宙微波背景的各向同性曾是宇宙起源的信号。暴胀理论恰恰解释了这种辐射在整个天空为什么具有相同的特性。然而，暴胀也预言了在很小的程度上，会出现各向异性。

宇宙微波背景各向异性

在复合阶段之前，物质与光相互作用，形成了电离等离子体——光子。光无法逃逸，宇宙是阻光的。此外，视界缩小；而视界中的每个区域里，等离子体的演变都与其他区域无关，有点像关在了盒子里。

在视界大小的盒子里，等离子体受到两种相反的作用力。一方面，引力试图吸引物质，让物质坍缩；另一方面，光通过光子对物质施加作用力。你也许见过辐射计（图5.6）：在辐射计里，构成光的光子照在小叶片（转子）上，对其施加压力，小叶片开始旋转。引力产生收缩作用，光产生拉伸作用。在最少干扰的情况下，两种相反效应在视界盒子里产生收缩波，与海螺发出的声波非常相似。在海螺里，最初的干扰是外部声音撞在海螺壁上的反射。在"视界海螺"中，最初的干扰源自上古时期——这是宇宙暴胀阶段，即宇宙原始时期的残留物。

图 5.6 "克鲁克斯"（Crookes）辐射计
（图片来源：james633-Fotolia.com）
与克鲁克斯最初的设想不同，实际上，他的辐射计的转子是被空气中的分子推动的。尼科尔斯（Nichols）发明了一种极其相似的辐射计，才真正直接探测到了光的作用力。

让我们回到暴胀阶段。其实，是量子真空能量变化引发了暴胀。量子真空能量本身与量子场的涨落有关。根据爱因斯坦方程组，量子场的涨落对时空几何造成了干扰，也就是对引力场造成了干扰。这些扰动的故事很有趣（图5.7）。视界的大小不变；在快速膨胀的作用下，量子涨落造成的扰动不断扩大，直到超出视界为止。从这一时刻起，视界里再没有与干扰有关的动力了，因为扰动范围太大，信息即使以光速传播，也不可能完整地把扰动都经历一遍。但是，扰动随着宇宙膨胀还在继续义无反顾地扩大。在宇宙膨胀结束后，视界的大小再次增加。在某个时刻，视界又赶上了扰动的范围，量子的扰动再次"进入"视界中，正如海螺外部的噪声一样。

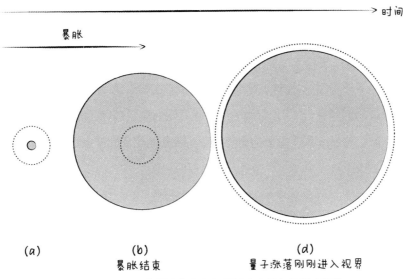

图 5.7 宇宙背景（灰色）与视界（点状）的尺寸变化

在从 (a) 到 (b) 的暴胀阶段，以及在暴胀之后，量子涨落刚刚进入"视界"(d)。
图 5.6 对比了视界与可测宇宙的大小，与本图有相似，也有差异：本图 (d) 里的
时间比图 5.4c 要晚许多。

正因如此，宇宙暴胀理论学家预测，在宇宙微波背景中会出现各向异性，
也就是温度的轻微变化。

在 1992 年，"宇宙背景探测者"卫星再次不负众望，提供了人们期待已久
的答案：各向异性的确存在，差异在 1∶100 000 的级别，也就是说，平均温
度在 2.73 开尔文左右时，从一个点到另一个点的温度起伏为十万分之一。这
一发现被视为暴胀理论的首个重大观测证明，能够解释大爆炸之后 10^{-38} 秒的
宇宙动力状态！

接下来的观测给出了详细数据。观测首先在地面上或气球上进行；之后在
太空中，美国国家航空航天局的"威尔金森"微波各向异性探测器（WMAP）
通过观测，提供了宇宙微波背景中各向异性的精确图片。在这张背景图里，天
空变为往昔的世界地图（图 5.8）。人们选定一些颜色，围绕着 2.73 开尔文的

平均温度，在宇宙微波背景里标注出十万分之一开尔文的温度起伏，从最冷的蓝色到最热的红色。因此，红色区域与蓝色区域的温差仅为 0.0002 开尔文。

我们注意到，图 5.8 上有一条很大的红色中心带状物，这是古老的银河系发出的光。为了仅得到纯粹的宇宙微波背景辐射图，必须摆脱这个"背景噪声"。为了消除各种天体物理学背景的干扰，欧洲航天局在 2009 年发射了"普朗克"卫星，完成了一个重要的研究任务——绘制出无比清晰的宇宙微波背景辐射图（图 V.1）。

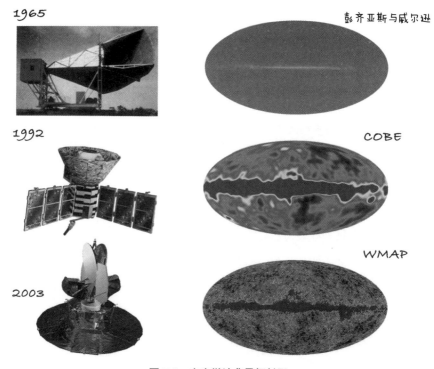

图 5.8　宇宙微波背景辐射图

彭齐亚斯和威尔逊（1965）、"宇宙背景探测者"卫星（1992）和"威尔金森"微波各向异性探测器卫星（2003）观测并绘制的宇宙微波背景辐射图（见彩页）

无容置疑，这些图片让众人激动不已，因为它们展现了宇宙最初的波动。宇宙微波背景辐射图不仅是一个结果，也是量子分析的起点，而量子分析能从细节上证实量子理论。例如，我们可以从中提取温度光谱，确认两个相隔一定距离的点之间温度的关联性（图5.9）。既然我们测量了天空上的宇宙微波背景辐射，就更容易定位天空中两点之间的角度，从而测出距离。图5.9所展示的谱图有一个典型的振荡结构，结合上文内容，这个结构就更容易理解了。

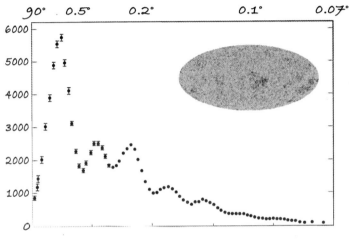

图5.9 普朗克卫星观测到的宇宙微波背景中的温度谱
横坐标是天空中两点之间的角度，纵坐标指出了关联温度。
（2013年发表的数据。）

　　实际上，这种振荡结构是一种声波的展开。当然，这里不是声音的波，而是在复合阶段之前的"光 – 物质"（电离等离子体）的收缩波。前面说过，暴胀阶段的量子涨落产生了扰动，正是扰动导致了这些振动。量子涨落的扰动在不同时刻进入视界，对应着不同种类的振动。最重要的扰动恰恰在复合时期进入了视界：在天空上，视界的大小是1度（图5.2）；这是图5.9中的第一个峰值，也是最重要的峰值。接下来的峰值代表了更早前进入视界的扰动：那时视界更小，这也是天空上的角度也比较小的原因。量子涨落在复合阶段之前还有时间进行整倍数的振荡；典型情况下的振荡位置在$\frac{1^{\circ}}{n}$（n是一个整数），而且对应着谱中的最大值和最小值。

这里，我们突出展现的是复合阶段的一个动力学效应，而不是宇宙微波背景中的光子。但这个动力也在物质中留下了印记。通过研究宇宙中物质的统计分布，就能识别这些印记，如同刚刚看到的宇宙微波背景中光子的统计分布一样。这就是"重子声学振荡现象"的观测。

焦点 V "普朗克"卫星

　　欧洲航天局的"普朗克"卫星测得的宇宙微波背景辐射图围绕着地球转了一圈。2013 年 3 月 21 日公布观测之后，这些图片登上了世界众多报刊的头版头条，法国《世界报》感叹这张图"胜过了千言万语"。我们已经知道如何解读这样的一张图片，如何从中提取信息。但这张图片是如何得到的呢？

图 V.1 "普朗克"卫星观测到的宇宙微波背景各向异性（2013 年公布，见彩页）

　　2009 年 5 月 14 日，欧洲航天局的"普朗克"卫星在法属圭亚那的库鲁升空。在某种意义上，这是继"宇宙微波背景"探测器卫星和"威尔金森"微波各向异性探测器之后的第三代卫星。作为新一代卫星，它也被赋予了一项拥有极高精确性的任务。

"普朗克"卫星面临着重大挑战：它要在探测到的光子中，区分出源于宇宙微波背景辐射的光子，以及在"前景辐射"，也就是与复合阶段相比，离我们更近的光子源中产生的光子。这些较近的光源包括：星际的尘埃；在太阳系内，集中在木星轨道周围的行星际尘埃；以及贯穿宇宙历史，所有星系辐射产生的红外线光线背景。图 V.2 是"普朗克"卫星测得的全天图（尚未消除前景辐射），大家可以借此大致了解一下卫星的研究任务。

"普朗克"卫星团队的研究战略是以不同的频率观测天空，确切地说，是 30 吉赫至 857 吉赫之间的 9 个频率。请注意，观测目标是电磁波的微波领域，即远红外线至无线电波之间。每个前景辐射都有一个不同的谱分布，也就是频率分布。为了更好地确定并消除前景辐射，研究人员选择了特定频率。

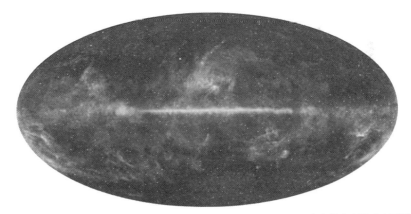

图 V.2 "普朗克"卫星测得的消除前景辐射的全天图，在左下角可以认出仙女座星系（见彩页）

实际上，"普朗克"卫星搭载了两台仪器。一台是低频仪（LFI），正如之前的"威尔金森"微波各向异性探测器，这也是一台微波辐射计，但比图 5.6 中的"克鲁克斯"辐射计更复杂一点。微波给出了一个与辐射温度相关的信号，后者被冷却至 20 开尔文的放大仪放大。为了保证测量的稳定性，测得的温度与卫星上一个稳定的热能参照物的温度对比。辐射计在 3 个最低频率运行：30 吉赫、44 吉赫和 70 吉赫。

另一台是高频仪（HFI），采用辐射热计技术，吸收电磁波并将其转换成热量，再用半导体温度计来测量电磁波的能量。有些辐射热计呈蜘蛛网状结构，以便减少与宇宙射线的相互作用（图 V.3）。其他辐射热计测量辐射的偏振（我们会在第八章细讲）。52 台辐射热计在 100 吉赫与 857 吉赫之间运转。为了减少噪音、增强灵敏度，辐射热计将冷却到 0.1 开尔文，并能测量到宇宙微波背景中两百万分之一度的温度差异。

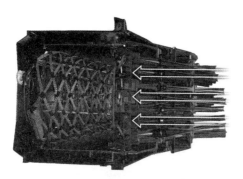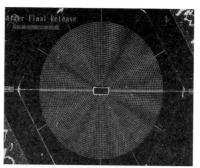

图 V.3　左边是"普朗克"卫星的稀释系统（灰色），将辐射热计温度维持在 0.1 开尔文，以及圆锥形系统（金色），用于引导辐射；右边是蛛网状辐射热计（见彩页）

2009 年 7 月，"普朗克"卫星到达了日地拉格朗热点 L2。这是一个距离地球 150 万千米的点，在那里，一颗卫星相对于太阳和地球这两个天体而言是静止的。接着，"普朗克"卫星在 2009 年 8 月和 2012 年 1 月之间多次完整地扫描了天空，为的是反复扫描宇宙中的相同区域。之后，卫星根据每一个频率绘制出全景图。通过详细分析全景图，以及图与图之间的关联，精确估计仪器的背景噪声，并充分了解天体物理学前景辐射的特性，人们绘制了图 V.1 中的图片。图 V.4 中概括展现的成分分离工作非常复杂，需要花费数年时间，但最终成功提供了与前景辐射有关的珍贵信息。

在宇宙学领域，"普朗克"卫星证实了"威尔金森"微波各向异性探测器已经传达过的信息：宇宙学已进入精确细分时期，如今，描述宇宙场景特征的各种参数应该被精准到百分之一。

"普朗克"卫星最突出成果应该是非偏振数据，这很可能是来源于宇宙暴胀的波动的谱指数。大家可以试着理解一下。首先回到图5.5中暴胀阶段的力学类比实验：在最开始的时候，滚珠前进得很慢，因为板子倾斜度小；如果板子是水平的，滚珠最终将停在A位置，真空能量保持与原始值一样——暴胀持续。这正是德西特在1917年取得的爱因斯坦方程组解。我们可以证明，暴胀阶段的量子涨落在尺度上是不变的，也就是说，无论涨落的规模如何，其形式是不变的——谱指数正好等于1。

但是，暴胀阶段注定要停止，因为今天的宇宙，或者说自复合阶段以来的宇宙，并不是呈指数阶快速膨胀的。这意味着，图5.5中的板子是轻微倾斜的，模型从一开始（A位置）就含有不稳定性，让滚珠不可抗拒地落入底层真空，这是暴胀停止的信号。在这样一个宇宙场景下，量子涨落的尺度并不是完全不变的，涨落的形式些许取决于其规模——谱指数不等于1。

"普兰克"卫星测出的谱指数值是0.9635 ± 0.0094，与数值1有着统计学上的差别。这也就证实了，量子涨落的起源在呈指数膨胀的场景里的本质，这一快速膨胀机制从一开始就是固有存在的——在类比中，板子微微倾斜，这表明滚珠注定要下落。这是宇宙暴涨理论一个绝佳的证据。

我们还需要确认，众多模型中哪些是有效的，这样才能建立一套真正的理论，或许能找到引力与量子理论在未来统一的迹象。这就是为什么"普朗克"卫星测得的宇宙微波背景偏振数据如此重要。但为了理解其中的道理，我们还要详细解释一下什么是引力波。我们将在第八章详细讲解。

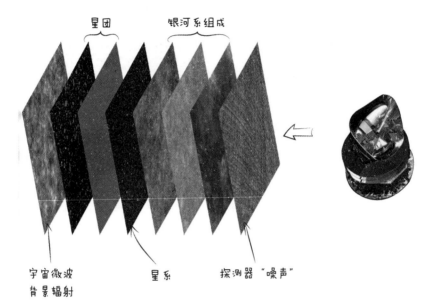

图 V.4　为了分离出宇宙微波背景全景图，"普朗克"卫星将各成分分离（见彩页）

第六章

暗能量与量子真空

真空，被遗忘的虚无，

是最广泛的传统、最广阔的足迹——我们透明的影子。

——雨果·穆希卡，

《未知的知晓》（*El saber de no saberse*），2014 年

20 世纪 90 年代末，一场持久的辩论点燃了所有宇宙学研讨会。一边，大多来自粒子物理学领域的基础物理学家们夸耀暴胀场景的功绩——这种优雅的理论阐释并解决了标准宇宙学模型的一些基本问题，比如视界和平坦的问题。同样，暴胀理论自然而然地出现在粒子物理学中，利用各种标量场，如希格斯场，取得了不少成就。另一边，来自天体物理学领域的观测者们却反驳，宇宙中没有足够的物质形成一个 10^{-26} 千克每立方米的临界密度——这是暴胀理论预测的平坦宇宙的密度。当然，重子物质（潜在的亮物质）伴随有暗物质；当然，人们又补充了其他能量形式，如电磁辐射、中微子。然而，即使把亲戚朋友都邀请到这场"宇宙婚礼"中，也超不过临界密度的 30%。这么一来，理论论据无论多么优雅，也无济于事⋯⋯

然而，这并不是一场你死我活的党派之争。最先向对方阵营示好的是理论学家，他们从来不缺少新模型，并提出了开放式暴胀理论——一个摆脱了平坦

宇宙概念的暴胀理论。

但是，最终还是天体物理学的观测带来了决定性变革。1999 年，两组研究人员公布了关于宇宙暴胀的惊人结果，让人们突然意识到，我们忽略了宇宙一个重要组成部分——婚礼宾客名单忘记的并不是谁家的一个表哥，而是新娘的父亲！

测量宇宙的烛光

测量距离一直是天体物理学的重大挑战。为了绕过这个难题，我直到现在只给出了以光年为单位的近似距离。但是，如何才能知道光从一个恒星或星系出发、最终到达地球的所需要的确切时间呢？

很多著作都围绕着这一主题，以及如何确立**宇宙距离尺度**而展开。人们先从测量地球到太阳的距离开始，然后，根据地球绕太阳转动变化导致的恒星表象位置的移动，测量地球与最近恒星之间的距离。至于更远的恒星，天体物理学家会借助表述天体的绝对亮度与其表面温度之间关系的定律。绝对光度是天体辐射出的能量，也是天体的固有亮度。定律对于一定数量的恒星有效，被称为"主星序"。通过光谱方法，可以从地球上测量恒星的表面温度，也就是测量恒星发出的光的频率，由此推算恒星的绝对光度。从地球上测得的光度取决于绝对光度以及地球与恒星的距离：恒星越远，从地球看到的表面光度就越弱。将测得的绝对光度和表面光度加以对比，我们最终得到恒星的距离。以此类推，一步一步测量出更多天体的距离：变星、最亮的恒星，还有星系。

这种方法实践起来有点困难：在任一尺度上估算距离一旦出错，就会相继影响到更远天体的距离测算，最终影响到最远距离的测算——宇宙距离。因此，测量现今宇宙膨胀率的哈勃常数曾经历了多次重大调整——最近 30 年间，调整幅度在 40 到 100 千米每秒兆秒差距（km·s^{-1}·Mpc^{-1}）之间：每次重估一个距离尺度因素，都需要重新调整哈勃常数值。现在，建立在宇宙微波背景研究上的分析将这个值确定在 70 千米每秒兆秒差距左右。

1999 年，惊人的宇宙观测结果公布于众的时候，哈勃常数的值就是这么大。

为了避免估算带来的难题，天体物理学家们研究出一个"标准烛光"。无论在宇宙哪个时期发光，这一光源都有相同的绝对光度。从地球上测出的表面光源能够帮我们确定天体的距离。测量方法不难理解：假设你身处一个漆黑的山洞里，想确定山洞的大小与几何形态；数支已经点燃且完全相同的蜡烛分散在洞里，通过测量接收到的光，你可以确定蜡烛的距离，甚至有可能测出烛光的运动，比如山洞里有水流。在 20 世纪 90 年代，一个潜在的"标准烛光"引发了关注——Ia 型超新星的爆炸。

超新星（尤其是 II 型）的爆炸非常猛烈：在大质量恒星生命终结的时刻，核燃料消失殆尽，恒星中心在引力的作用下坍缩，释放了强大的能量，炸裂了恒星表层；恒星中心变成一个非常致密的物体——中子星或黑洞。我们将在下一章重新回到这一话题。

如果恒星质量没有那么大，至多几倍太阳质量，就不会发生爆炸——恒星表层形成星云，中心形成白矮星。在 Ia 型超新星中，最让我们感兴趣的就是白矮星。白矮星只有在质量小于约 1.4 倍太阳质量时才是稳定的，这就是印度天体物理学家钱德拉塞卡所确定的极限。然而，许多恒星都属于双星系统，因此，一个白矮星拥有一个伴星的情况并不罕见（图 6.1）。在引力的作用下，白矮星慢慢地从伴星那里吸取物质，质量不断增加，直到突破钱德拉塞卡极限：白矮星的中心坍缩，辐射出热量，导致星体爆炸，发出亮光——这就是 Ia 型超新星。爆炸散发的能量源自储存在白矮星里的所有能量，所以，超新星的光度基本上与爆炸的环境无关。

因此，在追找"标准烛光"的过程中，天体物理学家转向了这种激烈的爆炸现象。

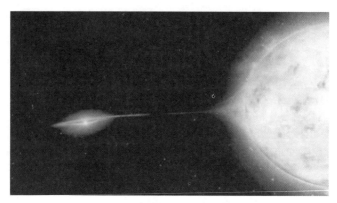

图 6.1　从艺术视角观看 Ia 型超新星爆炸

左侧是一颗正在爆炸的白矮星，右侧是它的伴星。

很多研究小组在 20 世纪 90 年代对这些超新星进行了研究。研究方法相对比较简单：定期（间隔几周）拍摄天空中某一区域的照片，然后将照片进行对比；如果发现多处一个光斑，那么恒星爆炸产生超新星的可能性就非常大；然后用功率更强的望远镜来证实（图 6.2），再分析整个超新星发射的光谱。各种不同类型超的新星都拥有自己特有的光谱，例如，氢谱线来自 II 型超新星，绝对不是 I 型超新星；而 I 型超新星则具有中间元素的谱线，如硅（Ia 型）。人们由此推断出刚刚发现的超新星的类型 [1]。

然而，相关研究小组得出了一个完美的结论。显然，超新星离得越远，表面光度越弱，我们可以通过测量光谱移动来证实这一结论。联想一下，多普勒 - 菲佐效应更倾向于移动物体发出的辐射，因为运动物体的速度更快。但是，根据哈勃定律，河外星系天体的退行速度随距离拉远而增大——超新星距离越远，偏移越大。假设超新星都拥有同样的、固有的绝对光度，借由大爆炸模型给出的宇宙膨胀速度，我们可以根据超新星距地球的距离，预测从地球观测到的光度。然而，研究小组注意到，远处的超新星没有预期的那么亮。这可

---

[1] 超新星类型及其特征谱线：Ia 型超新星存在硅谱线；Ib 型超新星无硅谱线，存在氦谱线；Ic 型超新星没有硅、氦谱线，存在氧谱线；普通 II 型超新星存在强烈的氢谱线，也有氦谱线；IIb 型超新星存在强烈的氦谱线，也有微弱的氢谱线。——译者注

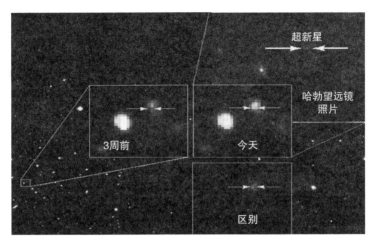

图 6.2 发现一颗超新星

"超新星宇宙学计划"间隔 3 周拍摄两张照片，经过对比发现了一颗超新星。超新星的发现随即被哈勃天文望远镜证实（见彩页）。

能有两个原因：要么 Ia 型超新星是"标准烛光"的假设是错误的，发生在远古时期的爆炸有一个不同的动力，让超新星的亮度变低了；要么 Ia 型超新星比大爆炸模型预测的还要更远，这意味着，从超新星爆炸以米，宇宙膨胀加速了。

第二个假设产生了巨大的影响。实际上，宇宙已知的组成部分、物质和辐射都有降低宇宙膨胀速度的倾向。如果宇宙膨胀加速，那么肯定存在另一种宇宙组成部分，一种新的能量形式。到底是什么？没人清楚。

对此，科学界的最初反应各不相同。宇宙暴胀理论的支持者立刻兴奋起来：这种神秘能量就是解释宇宙空间为何是平坦的所缺少的依据。而天体物理学家的主导态度更倾向于"理性的怀疑"。一个天体物理学光源被视为"标准烛光"，并被证实取决于其诞生环境——宇宙历史，这已经不是第一次。由此推想，事实上，超新星爆炸模型甚至都不是完整的（当时还没有任何数字模拟能再现爆炸启动的场景），如何判定这些爆炸总是一成不变的呢？此外，为了让爆炸变得相似，研究小组不得不对超新星爆炸的光曲线——光度随时间的变化曲线——进行了处理。与其说是这是"标准烛光",还不如称为"校准烛光"。

研究小组对所有这些潜在批评心知肚明,为了弥补不足进行了大量研究:探索超新星环境、甄别亚星群,等等。在接下来的岁月里,基础研究工作一直没有停止。然而,最终却是一项完全不相干的研究工作证实了结果,说服了科学界。

宇宙微波背景的详细研究帮助人们精确评估出宇宙整体的能量密度。温度谱(见第五章和图 5.9)中第一个峰值的位置就取决于整体的能量密度。这没什么好吃惊的:你应该记得,峰值源自"盒子"里的振动,而这个盒子是复合阶段的视界所形成的;如果此后宇宙膨胀加速,盒子就比我们想象的要小。计算证实,如果宇宙在空间上是平坦的,即当下能量密度恰恰为临界值 10^{-26} 千克每立方米,第一个峰值就对应于天空中 1 度的视角。你可以在图 5.9 上自己确认。所以,宇宙微波背景的数据证实了宇宙在空间上是平坦的。与此同时,超新星的相关数据显示宇宙的一个重要组成部分一直隐藏在黑暗中。

其他数据,尤其是最后形成星系团的庞大结构的诞生数据,巩固了这个观点。那时,人们称之为"协调模型"(concordance model)。萨尔·波尔马特、亚当·里斯和布莱恩·施密特通过 Ia 型超新星的研究发现宇宙膨胀在加速,并因此在 2011 年夺得诺贝尔物理学奖。

暗能量,只是一句漂亮话?

很快,这个神秘的新组成部分被命名为"暗能量"或"黑能量"——我曾讲过,我更倾向于"暗"这个修饰语。美国天文学家迈克尔·特纳首先提出了"暗能量"这一称呼,并一直致力于普及这个概念。

"暗能量"概念的含义相对比较清晰。宇宙能量的测算证实,20 世纪 90

年代所有已知的能量形式，尤其是以物质形式出现的能量（质量的能量），最多相当于平坦宇宙所需能量的 30%。既然平坦宇宙已被证实，一个新的能量形式应该占据了总能量剩余的 70%！这不是一种已知的能量形式，因为所有已知的能量形式都在减慢宇宙的膨胀。而且，未知的能量应该能发出辐射，因为它应当能被观测到，如同恒星、星系或宇宙微波背景一样。所以，这是一种"暗能量"，目前尚不知晓它的性质，我们唯一能确定的特性是：它有助于宇宙加速膨胀。

科学界和公众都立刻接纳了"暗能量"这一说法——无论大家的出发点是否都合情合理。暗能量与暗物质一起构成了 95% 的宇宙成分。物理学家遗忘了 95% 的宇宙！还有什么想法比这更令人心驰神往？尤其是在这个宇宙中，竟然是暗能量在起着决定性作用。不难想象，在书店里，与暗能量有关的书籍最初都被归在"未解之谜"一类中，这类书通常可比科普书籍畅销多了。

在科学界，"暗能量"一词也赢得了一席之地。人们开展了大规模的实验项目，就是为了探索这些构成绝大部分（70%）宇宙的物质。如果把这一概念单纯描述为"宇宙加速膨胀的原因"，似乎就没那么有吸引力了。在我们银河系的层面上，甚至都感知不到宇宙膨胀。除非，它能预测下一次大灾难……

如同大众喜爱的其他词汇，"暗能量"一词是一块出色的广告招牌，但这块招牌也挡住了真相。它背后到底隐藏了什么？

首先，这或许并不是宇宙的一个新的组成成分。或许，宇宙膨胀的"加速"仅仅是因为我们尚未找到一个合理的引力理论。也就是说，我们必须在宇宙距离上修改爱因斯坦的理论。这并不令人吃惊。说到底，宇宙学是直到最近才演变成量子科学，能够在宇宙距离上提供某些精确预测。那就修改一下爱因斯坦的理论？说的比做的容易！世界上很多研究小组都以此为目标。但困难在于，我们必须找到另一个理论，不但能成功再现广义相对论所有成功的预言，而且还能解释宇宙膨胀加速。目前提出的大部分替代性理论都存在严重不足，甚至引出了不稳定性、超光速的粒子和因果性问题，等等。这并不是说努力都白费了，而是仅仅显示了广义相对论是独一无二的理论——它不属于一类相似理论，彼此之间仅存有一些细微差异；假如我们寻求的理论真的存在，它也很可能是独一无二的。换句话说，古典音乐家和物理学家崇尚的"同一主题变奏法"，在此处不再适用。

引入新的能量形式——暗能量，经常被人们拿来与引力理论的改变方案相对立。但有时候，两者的差异有不少人为造作的成分。我举一个多于三维空间的例子：之前讲弦理论的时候提过，在 20 世纪 20 年代，数学家西奥多·卡鲁扎和物理学家奥斯卡·克莱恩为实现引力和电磁学的统一，提议创立五维相对论——四维空间和一维时间。从此，统一成了可能。一直梦想实现统一的爱因斯坦被二人的提议深深吸引。让我们来仔细研究一下"卡鲁扎 – 克莱恩"理论。

我们已经习惯用三个坐标或地址来定位一个点；我也说过，宇宙很有可能是无限的，我们能用非常大的值来标注坐标点，定义自己的位置。如果在某个方向上，宇宙规模特别小，甚至是微观的，那会发生什么事呢？

举一个杂技演员与蚂蚁在钢丝上过河的例子。杂技演员仅沿着一个方向移动，而蚂蚁探索了钢丝的两个维度：其中一个维度有限的，也可以说是微观的，当蚂蚁沿着钢丝圈做圆周运动，它会很快回到同一个点；另一个维度非常大，把河的两端连接了起来（图 6.3）。因此，我们在三维空间里的移动可能与杂技演员相似，没有意识到存在微观的维度。这是卡鲁扎和克莱恩在三维无限空间和一维有限空间（另加一个惯用的时间维度）里重写爱因斯坦理论时做出的假设。在二人看来，第五种微观维度与电磁学直接相关，由此实现了引力与电磁力的统一。但是，这一结论的原型很快就被放弃了，因为它预言存在一个没有被观测到的额外场。然而在这里，这种通过增加空间维度数对引力理论加以修改的方式，可以被视为在一个正常引力的理论之上添加了额外的组成部分。

图 6.3　走钢丝的杂技演员在钢丝上过河：蚂蚁探索了钢丝的两个维度，杂技演员只探索了一个维度

　　我们看到，引力变化和在宇宙里引入了新成分，两者的区别并不清晰。所以，人们更倾向于在这两种情况下谈论暗能量。但别忘了，唯一被观测到的事实是宇宙膨胀在加速。与宇宙历史相比，膨胀是一个相对新近的现象，因为它开始于光谱移动为 1 的时刻。事实上，人们现在拥有一些光谱移动大于 2 的时期的观测数据，指出宇宙膨胀在那个时期还处于减速中。

　　因此，如果宇宙中存在一个未知的暗能量，该成分是直到最近才占据了主导地位。我们已经遇到过这类情形了：在第四章开始的时候，我们看到，辐射是原始宇宙时期占据主导地位的能量形式，之后，恰巧在复合时期之前，物质质量才占了上风。这是因为，不同形式的能量随着温度变化而出现一些不同的表现：各种能量都存在，但在不同时期，某一种能量会占上风。因此，宇宙能量的"鸡尾酒"会不断演变：首先是真空能量支配（膨胀阶段）一切，然后是辐射扮演主角，再后是物质的质量能量称霸，最终是暗能量占上风。

　　如何描述暗能量的特征呢？或者说，如何描绘一个一旦占上风就会让宇宙膨胀加速的宇宙成分呢？在回答问题之前必须指出，我们已经确定了一个成分：宇宙飞快膨胀的阶段——暴胀阶段，是由真空能量支配的。真空能量其实是暗能量真实面目的重要候选。

让我们仔细看看膨胀的加速。与加速有关的量是压强。在前一章，我讲过辐射的压强是单位面积承受的压力，与能量密度有着同样的单位（$kg \cdot m^{-1} \cdot s^2$）。实际上，在电磁辐射中，压强相当于 $\frac{1}{3}$ 的能量密度——这是辐射所特有的关系，被称为"辐射（或放射）状态方程"。系数 $\frac{1}{3}$ 被称为"辐射状态方程参数"。剩余物质的压力近乎为零，可以被忽略，其方程参数为 0。量子真空也有一个状态方程，它的压强是负的，是其能量密度的相反数；其状态方程参数是 –1！负压强是什么？但我们将看到，仅有呈负压强的成分才能加速宇宙膨胀。因此，暗能量应该有负压强。

告读者

关于暗能量，存在着许多错误的观点，有的甚至来自物理学家。比如有关观点认为，暗能量与一种斥力有关，这种斥力对抗着引力的吸引作用。人们甚至引用爱因斯坦静态宇宙模型的例子，其中的宇宙学解释仿佛也在试图阻止物质的崩塌。但这一切都是错误的。如果真是这样，原始宇宙里的暗能量可以忽略不计，而原始宇宙也应该收缩而不是膨胀。造成错误的原因是：人们混淆了宇宙及其物质内涵，混淆了一定体积内的物质的空间定域概念和整体时间概念（宇宙膨胀率）。

如果处于非零温度（即高于绝对温度）下的气体分子被封闭在一个盒子里，它们会对盒子壁施加一个向外的压力，压力值是正的。而辐射产生的压力也一样，如果压力的方向朝向盒子内部，压力值就是负的。

"卡西米尔效应"就是一个例子（图 6.4）：真空里有两个大体积的导电板，间隔只有几微米的极小距离（d），且彼此平行放置；导电板没有被充电，却能相互吸引。这一效应来自两个导电板之间电磁场的量子涨落，即一对对粒子与反粒子出现又消失。卡西米尔效应可以在场的量子理论框架里被计算，并与测得的力十分一致。与之前盒子里的气体对比，气体分子被真空量子涨落所取代，压力朝两个板子之间的空隙内部作用——真空压力是负的。

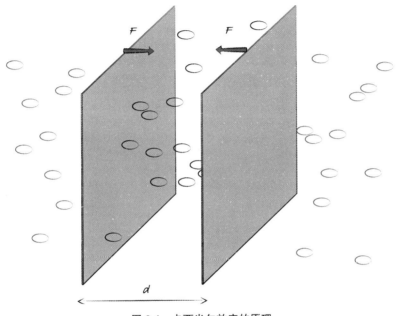

图 6.4　卡西米尔效应的原理

电磁场的量子涨落，即粒子与反粒子的生成与湮灭，通过椭圆形表现。量子涨落在两个导电板之间诱发了一种吸引力（F）。

上文讲到，从辐射过渡到静态物质，压力也从正值过渡到零；同时，膨胀减速也减缓了。我们可以合理地认为，如果继续向负压力变化，减速也会变成了负的，也就是出现加速。自由落体的电梯实验能证实这个推测（图 6.5）：假设电梯位于太阳表面之上，太阳辐射的压力将在电梯内壁上起作用，减低它的加速，也就是使电梯减速；反之，电梯在量子真空涨落源之上，涨落产生的负压力应该对电梯运动加速。

　　由此可以推测，应当在能产生足够负压力的宇宙成分中寻找暗能量。理论计算证实，状态方程参数（w）应该首先在 -1（如果暗能量来自真空能量，就会有这个值）和 $-\frac{1}{3}$ 之间。于是，观测问题变为：位于 -1 和 $-\frac{1}{3}$ 之间的参数的确切值是多少？如果等于 -1，这将是一个支持真空能量的强有力证据。

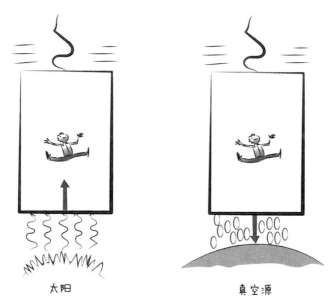

太阳　　　　　　　　　　　　　　真空源

图 6.5　自由落体的电梯

在太阳上，光子引发了向上的辐射压力（左图）；在真空源，量子涨落引发了向下的压力（右图）。

暗能量是量子真空能量吗？

　　21 世纪初出现了很多暗能量模型，其中许多是从膨胀模型里得出的灵感，因为在膨胀机制下，宇宙膨胀加速了。我们或许处在一个新膨胀阶段的开始时刻？

　　因此，大部分模型和膨胀模型一样使用了一个标量场，以及一个确保产生负压力的动力。其中最简单的模型被称为"第五元素"。这是古希腊时期"以太"的名字。西方古代哲学家在四种传统元素——土、空气、水、火之外加入了第五种元素。第五元素的模型是对爱因斯坦的挑战：爱因斯坦曾根据迈克尔逊和莫雷的结论，证明不存在电磁波的介质——以太。

第五元素

第五元素的场是一个随时间变化的场，类似于暴胀末期的暴胀场，其状态等同于图 5.5 中距原始位置 A 足够远的滚珠。实际上，滚珠在 A 位置近乎静止，相当于真空能量主导的暴胀阶段：压力为最大负压力。当滚珠开始快速移动时，可以想象，压力逐渐向正值变化（$-1 < w$），但仍足够加速膨胀（$w < -\frac{1}{3}$）。这是计算证实的结果。

第五元素假设情景的难点，也是暗能量假设情景的众多难点之一，就是标量场有一个特别微小的质量：这里唯一的关键常数是哈勃常数，它定义了今天的宇宙膨胀率。如果用能量尺度表达，这是一个 10^{-33} 电子伏的质量能量！因此，与暗能量场相关的粒子可以在两种基础粒子（比如夸克）之间交流；它是一个新的力的介质，如同光子是电磁力的介质、引力子是引力的介质一样。在后两种情况中，力的作用范围是无限的，因为介质粒子质量为零。在这里，粒子如此之轻，以至于力的作用范围就是可观测宇宙的大小。

因此，我们有了一个新的长力程的力，但它不像引力那样受限制。特别是，它不必符合等效原理所强加的限制，尽管实验已经精确测试了这类限制。大部分暗能量模型都遇到了这种困难。

图 6.6 简述了参数 w 所受的限制：当前，人们倾向的值相当于真空能量的值（$w = -1$）。为了估算更精确的参数值，人们实施了一个超大的观测项目，希望能证实或者证伪这一结论。

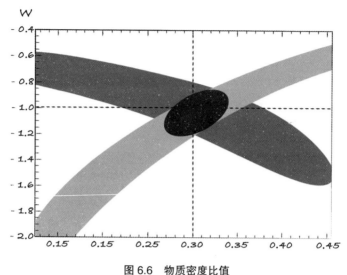

图 6.6　物质密度比值

超新星探测（深灰色）和宇宙微波背景（浅灰色）的观测数据决定了暗物质状态方程的参数 w，以及物质密度与临界密度的比值。人们希望的值（黑色）是 $w = -1$ 和物质比值 0.3（即约 30%）。

"存在" 问题

　　看上去，目前最有可能的暗能量候选是真空能量。若想证实这一点，真空能量问题及其计算将成为关注的焦点。计算需要结合相对论和量子理论，我已经强调过这项任务有多么关键。提醒一下，非引力物理学仅能测量能量的差异。比如，卡西米尔效应的测试是通过力的测试来完成的，当导电板之间的距离发生改变时，这个力可以被视为能量差的合力（图 6.4）；这个效应测不出真空能量的绝对值。但在引力背景下，根据广义相对论，所有参与宇宙膨胀的能量形式在原则上都是可测量的。对于真空能量来说尤其如此：如果它是暗能量，则代表了 70% 的临界密度，即其能量密度是 7×10^{-27} 千克每立方米，这完全是一个可测的数量。

人们能计算出这个值吗？为此，我们需要一个量子引力理论。在某种意义上，我们和一心想弄清楚经典引力定律的伽利略处在相同境地（见第四章框内文字"伽利略与量纲分析"）。物理学家们沿用了他的例子，使用了量纲分析。真空能量密度应该能根据量子引力能级——"普朗克等级"来表达，计算得到的值为 10^{94} 千克每立方米，竟然比测量值大了 120 个数量级，即 10^{-26} 千克每立方米的 10^{120} 倍！这一结果撕开了一道理论的鸿沟，至今依然横梗在广义相对论和量子力学之间：使用当前的理论，我们搞错了 120 个数量级。如果想证实暗能量来自真空能量，我们必须填补这条鸿沟。这是一个重大问题，人们甚至预言，等到将来确立统一量子与引力两种理论的那一天，答案就会立刻出现。

此刻，理论研究进行到哪一步了呢？我们只能说，尽管这是个根本问题，但当前的理论并不合适用于寻找解决方案。

我在焦点 IV 中讨论大爆炸时曾提到过弦理论，为了解决上述问题，弦理论选择了"人择原理"——正是大自然的常数值，才让观察自然的观测者能够存在于世。人择理论还延伸到多重宇宙理论的框架中：大家开始谈论，在平行发展的众多宇宙中，人类出现在这个或那个宇宙中的可能性。显然，无论哪种宇宙，如果它的宇宙常数值无法令人类存在，并仰望天空观察它，人类存在的可能性都为零。

论证大致如下：假如真空能量更多，那么加速阶段应该开始得更早，并能阻止暗物质凝块的形成——正是暗能量凝块产生了星系。在能够与星系兼容并存的所有宇宙里，我们所在的这个宇宙很有可能已经处在一个加速膨胀阶段。因为，相比真空能量更小且没有占主导地位的宇宙，我们这个宇宙的体积更大，换句话说，其真空能量既不能比观测值小太多，也不能大太多。不消说，科学界为此爆发了一场大辩论：这是一种全新的科学预测方法，还是说，这不过是残酷地承认了失败？

焦点 VI　量子真空，如何（自我）描述？

> 无穷乌有。
>
> ——帕斯卡，《沉思录》，1670 年
>
> 道生一，一生二，二生三，三生万物。
>
> 万物负阴而抱阳，冲气以为和。
>
> ——老子，《道德经》

　　量子真空的概念理解起来有点困难，因为它涉及了无穷小——在无穷小中，各种量子力学定律是有效的；也涉及了无穷大，即整个宇宙。物理学家有哪些构想？如何描述量子真空？艺术家有时会找到一些捷径，让人们更好地理解这些晦涩难懂的概念。艺术既是描述，也是诠释。

　　对于西方读者来说，"真空"一词给概念理解造成了困难：既然真空是清除一切之后剩余的东西，物理学家又如何在其中看到了结构、对称、涨落、能量……甚至还能让一个真空向另一个真空演变？正因如此，量子物理学家更倾向于使用"基本状态"的概念：在一个最小的能量状态之上建立起一整套状态，以此描述整个量子体系；这个最小的能量状态被称为"基本状态"。一个粒子状态建立在基本状态之上，粒子的能量相当于基本状态的能量再加上粒子的质量能量（mc^2）；以此类推，接下来是两个粒子状态、三个粒子状态……最终在基本状态之上建立起一个"状态塔"（图 VI.1）。

　　既然如此，那为什么还要保留"量子真空"这个术语呢？"空"的概念在东方文化里有着丰富的含义。尤其在中国文化中，"空"（也称"虚"）的概念更完善，而且非常接近物理学家对真空的理解。程抱一在《虚与实，中国绘画语言研究》（*Vide et plein, le langage pictural chinois*）一书中曾说过："在中国人的概念中，'虚'并不像西方人设想的那样，是一些模糊或不存在的东西，而是极具活力、极其活跃的元素。'虚'与'气'和'阴阳更替'的原理相联，为万物变化提供了绝佳的场所。在'虚'之中，

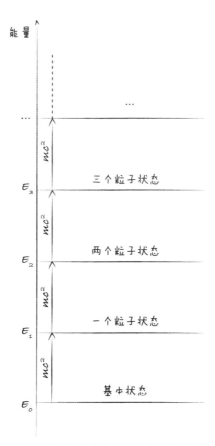

图 VI.1　在真空（基本状态）之上建立的量子状态塔

'实'才能真正达到丰满。"我在书中着重标出了这句话。可见，在东方文化里，"空"的概念比西方有活力得多，而且与"实"的概念之间有着丰富的交集。同样，在物理学中，"实"是建立在"空"的基础之上的。此外，本篇开处引述的老子这句名言与图 VI.1 展示的量子构造之间，有着极其惊人的相似之处。

　　当物理学家谈及量子真空的时候，浮现在他们脑海里的另一个形象是量子涨落的汇集。一些粒子与反粒子组从真空中产生，然后进行复合，重新变为真空。这会产生相当于 2 倍 mc^2 能量的破坏力（粒子与反粒子有相

同的质量 m）。但是，量子力学允许在一段时间内出现这种破坏力，而且粒子质量越大，破坏时间越短。这些粒子与反粒子对被称为"虚粒子对"，因为它们不能被探测到，否则，这个能量的破坏力会十分明显。这意味着，量子真空中可能潜在饱含所有粒子，也就是说，饱含宇宙中所有的潜在能量。正是这个潜能，把能量赋予了真空。

如何描述量子真空呢？我脑海中浮现的第一个图景是日本禅意庭院：园丁用钉耙铺设出白色砂砾图案，形成有节奏的花园背景；在此背景上，再加上几组山石或小灌木的装饰。量子真空跟这个白砂背景一样，没有特别的限定，但这是宇宙构建的基础——宇宙如同庭院一样，虽然被墙围出了边界，但树上的花或叶丛越过了墙，让庭院与外界依然保持着持久的对话。

这些古老而精致的庭院，如京都的龙安寺庭院（图 VI.2），都加入了时间的维度。在某种意义上，比花园高出几个台阶的木质平台[①]就代表了时间：来此观赏花园的一代代游客留下了他们的思考、梦想和经历。庭院饱含着所有这些虚幻的故事、所有潜在的可能。在几个世纪内，庭院已经远远超出了铺设精美的砂砾与山石。如同量子真空一般……

图 VI.2　日本京都的龙安寺禅意庭院

① 即日式房屋中的缘侧。——译者注

　　我脑海中的第二个图景在西班牙巴斯克地区的安多艾恩市，一座采石场里的一场音乐会。作曲家卡格尔·艾达创作的电声音乐作品名为"真空波动"。音乐充满了空旷的采石场，再现了虚幻的山峰——随着不断开采，山峰随着一块接一块被搬走的石头而消失。每块离去的石头被声音的波动所重现。

　　第三个图景在我们的实验室里：阿提拉·彻尔格的作品"化圆为方"（Squaring the Circle）藏在黑色屏幕里（图 VI.3）；四叶草状的镜子反射出光芒，投射出圆形碟片的方形阴影。圆圈是宇宙本身，而这个作品反映

图 VI.3　化圆为方，作者阿提拉·彻尔格

出，圆圈本身有着变成方形的潜在可能——圆圈如同虚拟的方形。在这个作品中，量子真空是什么？在我看来，是光。因为在这里，光是展示变化潜能的介质。

如何描述量子真空呢？玛丽-欧迪尔·蒙西古尔曾在"起源实验室"（Labos Origins）提出这个问题。"起源实验室"是科学家与艺术家的交流平台，大家在此共同讨论"起源"问题。我们曾举办过一场主题为"量子真空"的表演。"空"同样具有起源的意义。在中国的哲学思想中，"空"甚至是起源的至高状态。我不得不承认，在展示表演中，无论是描述量子真空特征，还是从预设图景中呈现真空样貌，我们这些物理学家都显得十分笨拙。然而，艺术家的表演更加清晰：舞台上出现了一个完全不对称的金属结构——我们物理学家有讲过真空结构吗？杂技演员在这个真空结构上舒展身体，通过身体的运动展现引力的束缚——我们物理学家有强调过真空对引力的关键作用吗？我觉得没有吧……

艺术反而更善于展现出激动人心的科学缩影。我们这些科学家难以看到的某种联系，在情感的直觉和身体的感悟中自然地呈现出来。真空作为一种能量形式，确实与引力有着联系。几年前，我写过一篇文章，名为《不能承受的真空之轻》（*L'insoutenable légèreté du vide*）。最令人惊讶的事实是，真空比它表现出来的还要轻。这就是让物理学家忧心不已的真空能量问题。理解引力，理解引力融合量子世界定律的方式，能让我们找到答案吗？艺术家们也许也应该来关心一下这个问题？

第七章

黑暗的教训：黑洞

> 惧怕那从来没有一个旅人回来过的神秘之国，
>
> 是它迷惑了我们的意志。
>
> ——莎士比亚，《哈姆雷特》，1601 年

黑洞经常被介绍为爱因斯坦理论的直接结论，这很确切。然而，科学家们是逐渐才慢慢接受黑洞的存在，就连爱因斯坦本人对黑洞也持有极大的怀疑。

在漫长的历史中，21 世纪初发生了一个小变革，但基本没被察觉：黑洞从一种假设的天体物理学物体状态逐渐演变为一种自成一体的天体，甚至是一种宇宙中相对常见的天体。简单来说，黑洞从"猜想"转变为真正的天体物理学概念，其实仅用了几年时间。人们为何转变了态度？原因是一个信念：我们星系的中心被一个黑洞占据，而这个黑洞的质量相当于数百万倍太阳质量。这一想法完全改变了人们对黑洞的看法，黑洞在宇宙中存在的所有迹象都得到了证实。而在此之前，人们谈及黑洞时一直都要为这个词加上引号。

引力理论中众多令人好奇的地方都指向黑洞物理学。正因如此，这些充满魅力的天体对解决引力的最根本问题，特别是解决引力和量子力学之间的关联问题，都发挥着重要作用。

黑洞的概念可追溯到 18 世纪。我在第一章里提到过牛顿的大炮实验：给

地球上某物体一个 7900 米每秒的速度（这个速度与质量无关），我们可以把物体送入公转轨道；给物体一个更大的速度，甚至可以让它摆脱地球引力的作用——这就是"逃逸速度"，在地球上等于 11 200 米每秒，而且**总是与物体质量无关**。如果在宇宙中的另一个天体上重做实验，天体质量越大，物体摆脱天体引力所需要的逃逸速度就越大。

在 1783 年，约翰·米歇尔（就是提议测量引力常数的那位米歇尔）设想了一个超大质量天体的极限情况，其逃逸速度大于光速。他依据牛顿的光的粒子性解释：光的微粒不能脱离这个超大质量天体，是因为它们的速度不够，没有达到逃逸速度；同理，落在该天体上的光也被捕获。这种天体吸收了所有光线，因此是一个黑色天体——"黑体"这一称呼更晚才会用到。1796 年，这个想法被拉普拉斯重新发现，但用的是数学手法。

这里有一个词汇上的小细节：我在这里用的是"天体"一词，泛指"天上的物体"，而不是"恒星"一词，后者特指在天上能产生并发射能量的物体，而黑洞在原则上不会辐射能量。稍后我们会看到，黑洞在某种意义上是已经死亡的恒星。

故事继续：我们在第二章看到，在 1915 年，史瓦西在球形恒星**外部**的真空之中找到了爱因斯坦方程的一个有效解。然而，这个解在两个区域具有独特的数学表现：一个是恒星的核心，另一个是相当于"史瓦西半径"距离的球体表面上。史瓦西半径的大小取决于天体的质量（图 7.1）。但在恒星半径 R 大于史瓦西半径的通常情况下（图 7.1a），这两个区域都在恒星内部的物质之中。在那里，仅适用于真空的史瓦西解不再适用。如果恒星半径 R 小于史瓦西半径（图 7.1b），又会发生什么情况？在这种情况下，恒星就成了米歇尔和拉普拉斯的"黑色天体"——它会演变为黑洞。在当时，人们认为在自然界不可能存在这类天体。太阳（质量为 2×10^{30} 千克）的史瓦西半径为 3 千米，比其 70 万千米的半径小太多了，因此，拥有太阳质量的黑色天体应该会把自己的所有质量禁锢在半径小于 3 千米的球体里。

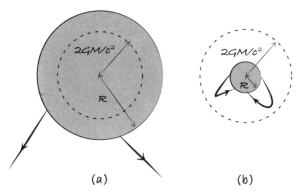

图 7.1 半径为 R 的恒星表面发出的光（粗线）

当史瓦西半径（虚线范围）小于 R 时 (a)，或大于 R 时 (b) 的情况。史瓦西解仅在恒星外部的真空中是有效的。

当经典物理学家遇到广义相对论

在 18 世纪末，米歇尔及后来的拉普拉斯指出了引力一个令人震惊的特性：如果质量为 M 的天体足够致密，其半径甚至小于 $2GM/c^2$（其中 G 是牛顿常数，c 是光速），那么光的"微粒"就不能逃脱该天体的表面。

一个多世纪之后，史瓦西在广义相对论的框架下重新发现了相同的距离尺度：如果天体的半径小于史瓦西半径 $2GM/c^2$，天体发射的光线就会被囚禁。

钱德拉塞卡以及后来的罗伯特·奥本海默和哈特兰·斯奈德都对恒星的最终演变进行了研究。而历史将会发生一个出乎意料的大扭转。

恒星之死

在之前的章节里，我曾简要提到过恒星最后的演变。恒星的演变动力是两个相反的作用力：引力致使恒星坍缩，核力辐射出的热量让恒星膨胀。这两种作用力在一个类似太阳的天体上相互抵消，正因如此，天体维持了恒定的规模。同样，我们也看到核力的重要作用：核力将在宇宙原始阶段产生的氦和氢结合成重元素。元素越重，坠入天体中心就越深，而如果天体质量很大的话，就会因此呈现出"洋葱"结构：从外到内，分别是氢、氦、碳、氮、氧……直到铁，这一最稳定的元素。核燃料一旦燃尽，平衡就被打破：引力占主导地位，恒星中心开始崩塌。

恒星能避免变为黑洞的终极命运吗？坍缩可以被物理过程中止吗？可以，通过量子效应。为了理解这一点，我们必须明确微观物理学如何在物质与辐射之间建立了差异。

构成普通**物质**的粒子，如质子、中子、电子等，遵循泡利原理——粒子不可能处于相同的微观量子状态中。物质拥有可叠加性——一块糖加一块糖等于两块糖。而在无穷小尺度上，在基本粒子层面，物质的叠加性表现为粒子相互并列，但不会重叠。我们把这样的粒子称为"费米子"。

反之，如果粒子的交换能产生一个力，这些粒子，即光子、引力子、胶子、玻色子 W 和 Z，就可以处于相同的量子状态。正因如此，这些粒子甚至可以产生微观尺度上的**辐射**：几十亿个粒子重叠在同样的状态。同样，在正常尺度上，两束光线叠加会产生一束更强的光线。我们坚信，这种重叠与两块糖的并列是不一样的。这样的粒子被称为"玻色子"。

但确切地讲，当物质在引力作用下坍缩时，相互贯穿的基础费米子产生阻力，阻止进一步坍缩。这好比，你想用一块乐高积木挤垮众多积木搭成的建筑，却遇到一个阻力，不能把单块积木嵌入相邻的积木中。量子力学称之为"简并压"。

如果恒星的质量不是特别大，小于 1.4 倍太阳质量的极限，也就是低于钱德拉塞卡极限，坍缩就会被阻止，而恒星中心变成一个"白矮星"。正是**电子**的简并压中止了坍缩过程。整个过程产生了热能，使恒星外层膨胀：恒星看上去就像一颗红色的巨星（图 7.2）。之后，恒星进一步转化成星云，其中心变为白矮星。

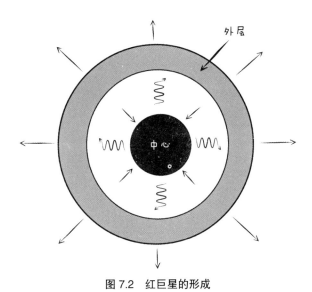

图 7.2　红巨星的形成
恒星中心的引力坍缩产生了热能，使得恒星外层膨胀。

如果恒星质量较大，电子简并压不足，电子和质子结合成中子（中微子"逃跑"了）。中子的简并压力中止了坍缩，恒星中心变成了"中子星"。这是一个非常致密的物体：中子星的最大质量可达太阳质量的 3 倍，半径也在十几千米的数量级。

如果恒星的质量更大一点，那么再没什么能中止引力坍缩：恒星向中心崩塌，黑洞形成。

为了彻底理解中止坍缩的动力，必须对量子引力有个全面的了解。事实上，在密度无穷大的黑洞中心，那里的奇特之处乍看之下与大爆炸的奇点非常相似，但也存在根本不同。如果发射一个观测器——仅仅是一个简单的光子，去看看黑洞中心会发生什么，光子将从一个小于史瓦西半径的距离接近黑洞中心。结果，光子再也回不来，不能与我们交流信息。所以，黑洞中心的奇特之处与我们彻底隔绝，可以说，它被保护起来；而大爆炸的奇点与此不同，至少在原则上，我们还能设想一些实验手段来观测它。

黑洞周围的球面，其半径即史瓦西半径，这一距离范围被称为"黑洞视界"。我们已经看到，史瓦西解在这个距离上有着独特的表现。但之后的研究证实，这仅仅是史瓦西选择的坐标造成的，并不是解的基本特性，正如黑洞中心所发生的那样。尽管如此，黑洞视界的球面还是具有特殊意义：所有穿过视界的物体，即使是光子，都被强行拖入黑洞中心的奇点，不能再逃出来。相反，一个在引力作用下以大于史瓦西半径的距离围绕黑洞移动的物体，将按照标准方式沿轨道围绕黑洞公转：与公认的想法不同，黑洞并不会吸收所有的物质与光，而仅吸收穿过其视界的物质与光。

一个简单的比喻可以让大家理解什么是黑洞视界，这就是瀑布（图 7.3）：人们在河里游泳，并不担心在下游是不是有下落的瀑布；然而，在瀑布附近的确存在着一条分界线，如果人们穿过了分界线，即使是游泳冠军，也会被无情的水流推向瀑布的"奇点"。这条虚构的分界线在水流中并没有被明确标识出来，这就是瀑布的视界。

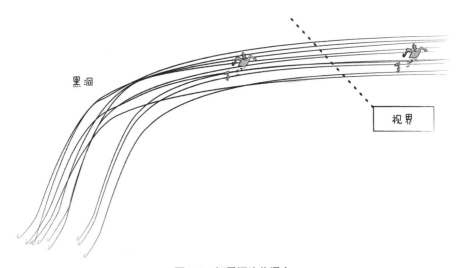

图 7.3　把黑洞比作瀑布

同样，当观测器穿过视界、靠近黑洞时，也没收到任何警示。观测器不可避免地丢失了，至少在我们这一侧的视界中看到的是这样。观测器以电磁波（光子）的形式编制的信息，将永远留在视界的另一侧。

直到 1967 年，"黑洞"这个名字才被美国物理学家约翰·惠勒提出。在此几年之前的 1963 年，新西兰数学家罗伊·克尔得出爱因斯坦方程组的另一个解，描述了旋转的黑洞。宇宙中大部分的黑洞可能都是"克尔黑洞"，即旋转的黑洞。

在 1971 年，第一个黑洞候选者被确认了身份。人们通过观测 X 射线，发现天鹅座 X-1 双星系统的两个天体之一就是黑洞。从双星系统的另一个天体——伴星中夺来的物质落入黑洞的视界上，发出了 X 射线（图 7.4）。之后，人们确认这个致密天体的质量约为太阳质量的 6 倍——这对于中子星而言太重了，因此，人们认定这个天体就是黑洞。

图 7.4　天鹅座 X-1 双星系统

左图是双星系统在天空中的位置；右图是艺术家的视角，展现逐渐从伴星吸收物质的黑洞，表现为圆面及射线喷发（见彩页）。

20 世纪 60 年代和 70 年代是黑洞理论研究的丰收年份，特别是布兰登·卡特、霍金和罗杰·彭罗斯更是成果斐然。我稍后会讲到。

黑洞和星系

自 20 世纪 70 年代以来，黑洞候选者数量增多，论证也越来越有说服力。但是，恰恰是在我们自己星系中发现的一个黑洞彻底打破了人们的心理障碍，让黑洞从"假设"正式变为"自成一体"的天体。

银河系的中心区域离地球大概 2.5 万光年，有众多活动强烈的电磁波，特别是 γ 射线、红外线和射电波。人马星座 A* 就是一个射电波源，看上去占据了银河系的中心。很多星系的中心貌似都被大质量的黑洞占据，因此，人们猜测射电波源自隐藏在人马座 A* 中心的黑洞上的气体吸积。

2003 年，人们通过红外线观察到人马座 A* 附近的恒星运动，进而证实了这一点（图 7.5），引发了巨大轰动。这些恒星，比如照片上的 S2 星，沿轨道每十多年围绕星系中心旋转一周。光学技术的进步，让人们精确确认了恒星的顺序位置，重建了它们的运转轨道——这相当于拥有 400 万倍太阳质量的致密天体的引力所形成的轨道。这一质量就是超致密天体的质量，有些恒星和星系中心有着一个"天文单位"的距离，即"日地距离"。你是不是觉得这个距离有点大？别忘了我刚说过，星系中心的这个天体有数百万倍太阳质量！

实际上，从这一射电源的致密性上看，只能说明我们星系中心有一个超大质量的黑洞。

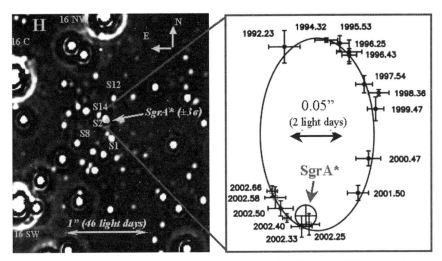

图 7.5　恒星 S2 围绕着银河系中心的人马座 A* 运动，恒星的不同位置通过年份来标记
　　　　（从 1992 年到 2002 年）

令人困惑的黑洞

　　如果你设想黑洞是一个能吸走一切、在周围营造出真空的天体，那你就远离了事实。实际上，天文学中的黑洞会用一种结构性很强的方式组织周围的物质。比如，图 7.6 展示了距地球大约 1 亿光年的 NGC 4216 星系的中心结构。我们认为，星系中心被一个相当于 4 亿倍太阳质量的克尔黑洞占据。由于黑洞是转动的，其旋转轴线定义了一个优先方向：在这个方向上能看到两束高能粒子流。黑洞附近沿着轨道运行的物质被有序地组织起来，形成了一个圆面，称为"吸积盘"，外面被一个尘埃环所包围。吸积盘的圆面与黑洞的旋转轴垂直正交。黑洞的视界就位于吸积盘的中心，肉眼不可视——视界不辐射光线，而穿过它的光线不可避免地消失了。

图 7.6　NGC 4261 星系中心区域的照片
两束粒子流从星系中朝相反方向发射，直到 9 万光年的距离；中心是距离 400 光年的吸积盘及其周围的尘埃环。（图片来源：哈勃望远镜，欧洲航天局与美国国家航空航天局，见彩页。）

　　我们在大质量黑洞附近（但在它的视界之外！）确定了上述大致结构。而这一结构在不同情形中也会重现，比如，在恒星陨灭时诞生的、轻得多的黑洞。图 7.7 展现了三种情况：靠吸收伴星物质形成的恒星黑洞——微类星体（左）；大质量恒星中心的引力坍缩而形成的黑洞（中）；在星系中心，靠吸收星系物质形成的超大质量黑洞——类星体（右）。这三种黑洞的物质组织结构非常相似。

　　质量的尺度大不一样，距离的尺度也大不一样，但结构却非常相似。

　　你可能对粒子流的出现感到吃惊：黑洞貌似喷射出了物质，这貌似与大家心中黑洞吞噬一切物质的形象极不相符。其实，这是电磁力造成的粒子流。当恒星坍缩成黑洞时，磁场在黑洞的形成过程中围着旋转的黑洞进行重组，并集中了一部分物质到粒子流里，然后把粒子流从黑洞中远远地抛出。我们认为，粒子流诞生在离视界（外部）非常近的地方。人们尝试在计算机上用数字模拟的方式重现粒子流诞生的情景，但有时候，很难忠实地还原这些复杂现象。

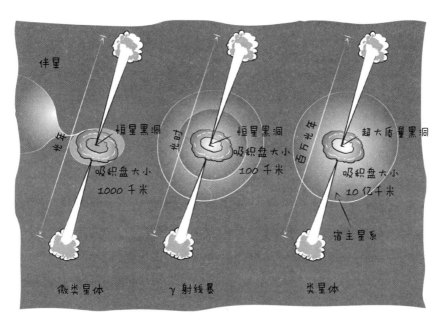

图 7.7　恒星黑洞（左图：微类星体；中图：坍缩星）或超大质量黑洞（右图：类星体）周围的物质构造：粒子流、吸积盘、尘埃环

假如一束发出光线的高能粒子流射向地球，那么它会被视为一个光点。人们可以借此探测大质量恒星中心的引力坍缩（图 7.7 中图）：来自粒子流的光被称为"γ 射线暴"；爆发足够明亮，在地球上肉眼可见，但亮度随着时间快速减弱。1967 年，美国"船帆座"（Vela）号卫星发现了 γ 射线暴。这枚卫星原本是为了在前苏联的领土上空监视大气层中是否有核爆炸的迹象[①]。这一发现结果直到 1973 年才被公布，美国人可能需要时间确认到底是不是前苏联的外星"小绿人"搞的鬼吧。

高能束还能让我们找到星系中心的黑洞。事实上，不少星系中心已经观测

① 两国在 1963 年签署了《禁止在大气层、外层空间和水下进行核武器试验条约》。——译者注

到了高能束（图 7.6）。这些高能束的天体物理学源头曾被称为"活跃星系核"。现在，我们认为所有"活跃星系核"其实就是大质量的黑洞。银河系中心的黑洞相对来说没有那么活跃，这就是我们探测不到高能束的原因。但人们已经确认，在银河系中心附近的分子云里存在这个黑洞过去活动的信号。

或许，银河系中心的黑洞在星系运动中发挥着重大作用。其质量与星系总质量和规模有关。我们认为，原始星系的结构性不强，中心黑洞的质量更轻（1 万到 10 万倍太阳质量）。前面已经说过，各个星系随时间不断并合，开始具有一定结构（图 III.2）。它们各自的黑洞同样也并合了，产生了一个质量更大的黑洞。我将在第九章讲述这个了不起的事件。因此，银河系的黑洞随着宇宙的历史演变，通过并合和物质的吸积而不断变大。黑洞的历史与其宿主星系的历史紧密相关。比如，最近的研究成果表明，在星系中观测到的那部分缺失的物质，其实都给了高能束，是高能束把一部分物质喷出了星系外。

宇宙的引力实验室

图 7.7 概述的在黑洞环境中的现象的一般特性，可能与黑洞本身相对简单的结构有关。从本质上，受引力支配的物体仅被三种物理量定义：质量、角动量（考虑到转动）、电荷。值得一提的是，这样的物体与基础粒子性质相同，基础粒子也有三个基本物理量：质量、内禀或自旋角动量、电荷。

这一特性来自广义相对论的"无毛定理"，有时也称为"秃顶定理"。黑洞的命名者、物理学家惠勒曾宣称："Black holes have no hair！"——黑洞没有头发！黑洞像弹子球一样"光秃秃"的特性，赋予了定理奇特的名字，也让定理出了名。尽管从严格意义上讲，这个头顶还剩下三根"头发"：质量、角动量和电荷。接下来，我们只需要通过实验来证实天文学黑洞也是爱因斯坦方程组所预测的简单物体。在后续章节里，我还会细讲。

黑洞基本上都是一些受引力支配的物体，因此，黑洞是测试引力的绝佳实验室。尤其，黑洞质量大、密度也大，其视界周围的引力场非常强。因此在原则上，在黑洞中能观测到引力在强引力场中的行为，并能确认用广义相对论来描述引力是否适当。当然，我们必须在极近黑洞视界的地方进行实验，但这不可能直接实现。然而某些天体，比如恒星，经常会落入黑洞的视界中，发射出电磁波或引力波（见第八章），多多少少直接告诉我们现在正发生什么。而这些迹象将向我们提供引力现象的独家信息。

广义相对论的某些基本概念在黑洞理论中起到了核心作用，比如与大爆炸理论结合的"奇点"概念，或者天文学已经使用的视界概念。现在还差一个概念没说，那就是黑洞包含的信息。

在通常含义中，信息可以分割为基础信息，比如计算机程序中 0 和 1 的序列。对黑洞来说，基础信息就是基础粒子的速度与位置；而基础粒子的基本量是质量、角动量和电荷。黑洞是储存信息的巨大容器，所有经过视界的信息都被留在黑洞中，我们甚至可以假设，黑洞的视界布满了信息。

假设有一个车票回收机，机箱里的所有信息，如车票的总金额、每种票的数目等，都被存储在与回收机相连的电子芯片里。现在，我们把黑洞的视界分成一个个基础小表面（图 7.8），并给每个基础表面配备一个芯片，记录穿过该表面的信息。黑洞包含的所有信息都完好地记录在遍布视界表面的芯片中。我们经常把这一表面比作一张全息图，这个二维平面包含着描述了某一体积的所有三维信息。

霍金指出，我们能够确定黑洞信息的数量，因为信息与视界的表面积大小成正比。这一信息数量被称为"熵"，而且它的值只能增大。设想向质量为 M 的黑洞中抛入一个质量为 m 的物体；黑洞的质量增大（$M+m$），其史瓦西半径同样也增大，继而视界表面积也增大，熵也就跟着增大了。而反向进程并不存在，黑洞不会抛出质量为 m 的物体，所以熵不会减少。这样一来，我们就找到了热力学第二原理框架下的黑洞的当量。

弦理论的成果之一，就是根据黑洞表面积重塑对熵的描述，通过计算微观组态的数目，估算熵的大小。

熵与热力学第二原理

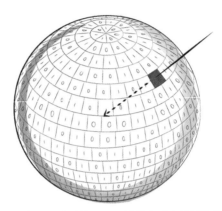

图 7.8 黑洞视界表面布满了基础单元，记录着穿过（总是从外到内）视界的信息

在物理学中，信息量的概念被描述为"熵"。熵对系统的无序程度进行了量化。根据热力学第二原理，对于独立系统而言，熵不会减少。路德维希·玻尔兹曼证明，熵与系统组态或微观状态的数目直接相关。你会发现，这与我所说的"基础信息"非常相似。

霍金还提出了"黑洞蒸发"现象。这一现象与到目前为止所有讲的内容相反，黑洞不仅能失去能量，甚至会发出辐射，直至消失。"黑洞蒸发"现象的起源是一个量子进程——我们又站在了量子物理与引力的交叉点上。设想黑洞视界附近的真空产生了一个量子涨落，并以"虚粒子对"的形式出现（图 7.9）。在距黑洞很远的地方，粒子对只能存在很短的时间，之后再此湮灭在真空中。但在黑洞视界的近周，反粒子可能消失在视界之后，而粒子却远离了视界。由于物质穿过视界会不可避免地消失，虚粒子对在真空中不可能重组。从外部观测者的角度来看，黑洞貌似发射了粒子。实际上，黑洞确实失去了粒子的能量,相当于 $E=mc^2$;反粒子可被视为拥有 $E=mc^2$ 的负能量的粒子:黑洞吸收了这个负能量,因此自己的能量减少了,这就是"霍金辐射"。从长期来看,不吸收周围环境物质的独立黑洞会因此不断减少能量,能量甚至可能一直减到零。在这种情况下,黑洞会消失。这就是"黑洞蒸发"现象,好比一滴玫瑰色的水滴蒸发了。

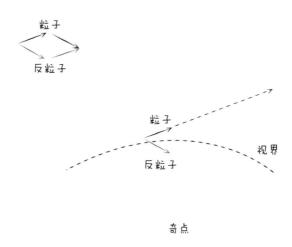

图 7.9 量子涨落(粒子 – 反粒子对)远离(左上图)或靠近(右下图)黑洞视界:在后一种情况中,粒子对被拆散

对于天体物理学的黑洞而言,蒸发现象很难被观测到。因此,人们会用这个现象来解释为什么观测不到原始黑洞,也就是那些紧接在大爆炸之后的"普朗克时期"产生的黑洞。

欧洲核子研究组织把大型强子对撞机投入使用时,人们也设想了在额外增加时空维度的理论框架里,创造出"微型黑洞"的可能性。这一可能性让某些人惶惶不安……实际上,微型黑洞应该在微观时间内蒸发,只留下粒子的喷发。这不是世界末日。相反,这应该是在实验室里测量"霍金辐射"的绝佳机会。

焦点 VII　视界

视界，在本章中是一个黑洞范畴下的概念。其实，所有引力体系中都有视界，无论是标记观测极限的视界——天文学视界，还是决定黑洞周围临界点的视界。因此，研究"引力宇宙"的天体物理学家们拓展了这一概念。但人们对"视界"认知已经很丰富了。

在希腊人看来，视界是把地球和天空隔开的圆形曲线——但仅是在表面上，因为人们那时已经知道地球是圆的，而且，正因为地球是球形，才看不到远处的物体。当然，人们也知道视界会随着观测者移动而移动。与山里人相比，视界对水手有着更多的意义。随着不断的探索和观察，视界的概念越来越丰富。继描述了一个纯粹的空间概念之后，视界一词有了一个时间含义：在今天的英语和法语中，horizon 都用于表示对未来的展望，比如欧盟的"Horizon 2020"计划……在 15 世纪和 16 世纪"大航海时代"的水手看来，视界是静态的——直到"地面标记出了视界"，这意味着船已经走过很远的距离，时间流逝。

视界有两个特性，与观测者紧密相关的特性以及时空特性，这是引力视界所特有的。但是，视界的概念肯定有别的分支。在某种程度上，视界分割了"已知"和"未知"，或者说"尚未知晓"。这就是边界，在英语中，"边界"（frontier）也意味着"尚待开拓的新域"。

视界也以某种方式与"无穷"达成了和解。在古代，视界代表了圆形天空与广袤大地之间的界限。视界在一个无限大的空间里限定了一个有限的区域，这是它的意义所在：当我们留在视界这一边，不必计较"有限"还是"无限"的问题。同样，人们知道地球上有视界，因为地球是圆的。但是，视界让人类免遭球形地球引发的困扰：比如，我从来不会从巴黎观看到朝相反方向行走的新西兰人！宇宙学视界同样在无穷的宇宙里建立了某种"有穷"。而且，视界采用的是在有限宇宙（比如地球表面）框架中构想的方式，完成了这一目标。换句话说，视界解决了我们理解"无限"的天然困难，在某种含义上，视界是一个边界，而非尽头。

视界的定义多种多样。"事件视界"划定了我们永远无法开发的时空的界限。你可以回想一下图 5.1，并设想自己作为观测者，沿着时间轴一直走进未来的"无限"中：不能发出信息的区域被事件视界限定，信息要从大爆炸开始走过整个时期才能最终到达我们——事件视界可以算是"未来视界"。想象未来里的无限，这并不容易。但请相信，这对于我们物理学家来说也同样不容易。但我们有一些小窍门，能绕过困难。罗杰·彭罗斯就提出了一种简单的方法：找到一个把无限引向有限距离的数学转变——在一张纸上就能画出无穷的宇宙。图 VII.1 给出了彭罗斯图的两个例子：一个是处于永恒膨胀中的宇宙，称为"德西特宇宙"(a)；另一个是被物质所主宰的平坦宇宙 (b)。德西特无穷宇宙能表现为一个正方形，其边缘代表时间和空间中无穷的点；而被物质主宰的宇宙由三角形表示。在第一种情形中，未来视界只限定了一半的宇宙；而在第二种情况下，未来视界自身并不存在，因为它与无穷混淆了起来——整个时空都是可观测的。

你可以认为，视界同时在空间与时间中展开。事件视界的问题在于，原则上，必须在未来等待无限长的时间，才能完整地定义事件视界。这就显得不可靠了：假如宇宙的演变方式与我们期待的有所不同呢？所以，人们还定义了过去视界，并莫名其妙地命名为"粒子视界"，同时也定义了"表观视界"。

过去视界划定了从大爆炸时期（或鸿蒙时期，如果没有大爆炸的话）就能给我们传递信息的宇宙区域。图 VII.I 中，过去视界在两种宇宙中用点线表示。

"表观视界"概念可以从膨胀的概念中理解。我们已经知道，根据哈勃定律，宇宙膨胀速度随距离而增大。是否存在一些点，正在以大于光速的速度远离我们呢？答案是存在。这是否与相对论矛盾了呢？其实不矛盾，因为不存在相关的物理效应：所有从该点发出的信息，比如以光的形式传播的信息，将不会到达我们。表观视界界定了这个无法触及的区域。请注意，这是一个在宇宙演变时期也一起积极演变的视界（图 VII.1b 中由虚线表示）：在某一时刻，表面视界之外的某些区域（相对我们而言，其膨胀速度大于光速）能在此后另一时刻进入可接触的区域（其中的膨胀速度小于光速）。

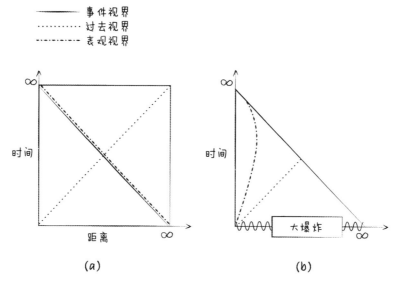

图 VII.1 德西特宇宙 (a) 和被物质主宰的平坦宇宙 (b) 的彭罗斯图（粗线）
第一种情况指出了事件视界、过去视界和表观视界；第二种情况中仅存在过去视界与表观视界。

为了帮助理解，我会用到一个美丽的对比——谈到表观视界时，人们经常会提起它：假设有许多连贯起来的门，你在这些门中穿越奔跑，视界在距你很远的地方；在你不断靠近视界的过程中，视界开始自行封闭，因为在你奔跑的反方向上，门会再此逐一关上；从始至终，那些在远处重新关上的门代表了你的表观视界。在一段时间结束后，你奔跑的前路会被一扇关闭的门阻止——你到达了你的事件视界。通过这个例子，你能推断出在任何时刻，你知道自己的表观视界在哪里，知道它一直在变化（它是活跃的）。但是，你必须到达奔跑的最终期限，才能确认相当于你的事件视界的那扇门。你可以预测门的位置，但是这同样取决于不可测的因素——疲惫、障碍……这些都能改变你的速度。

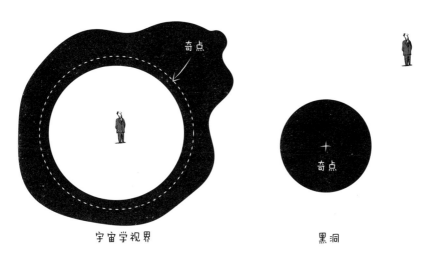

图 VII.2　宇宙学视界（见图 II.4）和黑洞视界的对比，尤其是从观测者与奇点各自的位置来看

　　我刚刚对不同宇宙学视界进行的描述，证明了观测者的核心作用。这一作用可能没有在黑洞视界中那么明显，但也很重要。观测者可以从非常遥远的地方观测黑洞发出的霍金辐射。观测者可以恰好停在视界之上：观测者离得越近，就越能看到高能现象的产生。假如观测者落入了视界之中……他的结局会引发众多辩论。直到现在，我们认为观测者基本什么也没观测到，除了他自己的身体在潮汐作用下变形，因为他身体的不同部位承受的引力略有不同。但是，某些研究者最近指出，如果视界是事件视界（未来视界），观测者有可能遇到"火墙"，将其变成尘埃。这使得霍金提出，围绕着黑洞的视界是表观视界。因此，媒体纷纷刊登出大标题："史蒂芬·霍金说黑洞不存在！"你看，最初的论断并非如此。但科学的争论是向众人开放的。

　　就我个人而言，我承认通过对比黑洞与宇宙学的视界，可以学到很多东西。位置非常不同（图 VII.2）：在宇宙学中（有别于黑洞），观测者位于视界划定的时空区域的中心（有别于外部）。而奇点（大爆炸或黑洞中心）在视界的另一侧。相似之处很明显：在这两种情况里，人们会问哪种类型的视界——将来或表观——会发展；在这两种情况里，我们认为视界是霍金辐射产生的地方。此外，在黑洞中，所有涌入的信息貌似都被留存在黑洞里。借鉴黑洞的例子，杰拉德·特·胡夫特与莱奥纳特·苏士侃提出了"全息原理"：所有储存在宇宙里的信息都会在我们的视界中被编码！在某种意义上，视界成了展现全体宇宙的一张全息图。这一视界的动力来源于全体宇宙的动力。

随着弦理论的理论研究出乎意料地发展巩固，这个起先貌似惊人的提议最终容纳了时空中的引力理论以及时空边缘（视界？）的规范场论两者之间的二元性。这个问题超出了本书的框架，但我们应该从中汲取在我看来很重要的启迪。

在寻找统一引力与其他基本力的理论的过程中，引力视界很有可能起到关键作用。这难道不是霍金辐射诞生的地方吗？霍金辐射不正是一个完完全全的引力量子进程吗？因此，我们或许可以通过更深入地理解视界的动力、更深入地通过实验观察视界的特性，找到解决问题的关键钥匙。

最后，我不由得想到一部大受欢迎的电影——杰克·阿诺德在1957年拍摄的《缩小的人》（*L'homme qui rétrécit*）。这部电影巧妙展现了我想说的内容。主人公斯科特·凯里在遭受杀虫剂放射性喷雾的毒害之后，身体开始缩小。他落入洞穴，与比自己大许多的蜘蛛斗争。在影片最后一幕，他凭借缩小的身体，最终从通风口的栅栏逃脱，而在此之前，栅栏曾阻碍他获得自由。通过变得无比微小，他穿越通风口的视界，最终重新回到布满星系的无限大的宇宙中——这难道不是两个无穷的绝佳比喻吗？

第八章

引力波登场

电磁波为人们打开了一扇大门，探知与电场力和磁力相关的各种现象。电磁波源于电荷的运动，比如天线中的电子。从古至今，也正是电磁波让我们观测宇宙——先是可视光线，后是电磁波谱。这好比一块石头落入液体，在液体表面激起波纹，我们能通过波纹了解液体的特性，甚至测算出液体的深度。

与引力有关的波被称为"引力波"，源于大量物质的快速运动。运动的物质会让时空弯曲，引发一个曲率的波前——波前如同波浪，波就像石子在水面上激起的波纹那样传播出去。确切地讲，引力波是曲率的波动。引力是一种十分微弱的力，所以，引力波在大距离上（能一直达到全部可测宇宙的范围）传播时几乎没有变形，传播途中遇到的物质几乎干扰不到它们。正因如此，对于所有源于引力的现象而言，引力波是一种绝佳的观测依据，特别是黑洞这种典型的引力天体，甚至是整个宇宙——别忘了，宇宙是引力驱动的。

但引力波的观测存在根本性困难，这与其特殊的科学性质有关：引力非常微弱，因此与之相关的波能不受干扰地传播；但正是同样的原因，让引力波的探测难度也很大。因此，人们等了一百年才创建出无比精确的探测仪器，最终直接探测到这些波。2016 年 2 月 11 日，引力波的发现成为宇宙观测的大事件，堪比伽利略使用望远镜。人们首次直接探触到"引力宇宙"，以及推动宇宙运转的现象。这是一次美丽的科学奇遇，也是对人类百年来在探测仪器研发，以及概念和理论研究上所做的不懈努力的最大褒奖。

曲率的波动

引力波其实是时空曲率的波动，所经之处产生了非零值的引力场，与所有物体发生了相互作用。假设我们放置一组质量点，并将其摆成一个直径 1 米的圆环（图 8.1，第一排左一图）。一道引力波从与纸面垂直的方向穿过圆环，质量点之间的距离以图中所示的方式演变：圆环先沿横向拉长为椭圆形，然后沿垂直纵向拉长，周期往复地变形。

图 8.1 展示了引力波两种不同的偏振引发的变形。一般而言，波的偏振与其传播的场的方向有关。比如，对于光这样的电磁波，存在两种与电磁场组态相关的可能偏振状态。一种偏振滤波器只能过滤掉一种偏振，两种不同的偏振滤波器就能完全阻断光线。摄影师都熟悉一个效应：玻璃或液体表面反射的光会呈现一种偏振状态；透过玻璃拍摄时，为了减弱或阻止玻璃产生的反射光，摄影师会使用偏振镜。汽车的挡风玻璃也是一种偏振滤镜，以便减弱潮湿路面反射回来的光。同样，引力波也有两种偏振状态，正如图 8.1 所示的两种变形模型，按惯例分别用 + 和 × 表示。非偏振的引力波导致的质量表观运动相当于两种变形的叠加。

图 8.1 显示的运动方式产生了一个直接结果：当引力波通过时，一个质量不可忽略的固体必须服从于让其变形的力。在某些方面，引力波产生的作用力与月亮产生的潮汐力相似，因此我们姑且称之为"引力波潮汐力"。图 8.2 展现了这两种力的相似性与差异性。

月亮的潮汐力朝三个方向起作用：向月亮平行的方向拉长，向两个垂直方向压缩。而引力波的潮汐力仅沿波的传播方向在两个横向上起作用。当然，引力波的潮汐力仅当引力波通过时才起作用。

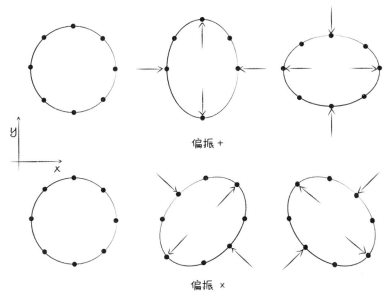

偏振 +

偏振 ×

图 8.1　偏振引力波垂直纸面方向通过时，一组质量点的表观运动，两种偏振分别用 +（上图）和 × 表示（下图）

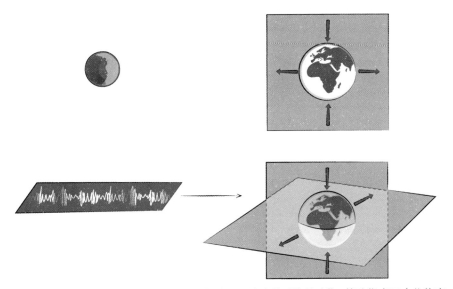

图 8.2　在月亮（上图）与引力波（下图）作用下产生的"潮汐力"，箭头指出了令物体变形的力的方向

每种波，如光波、无线电波、声波……均以振幅、速度、频率或波长为特征。如果我们知道波的传播速度，那么就可以用波长除以速度求得波的频率。

振幅代表波表现出来的物理效应的大小。在图 8.1 中，对于穿过纸页的引力波而言，其振幅就是呈圆环摆放的质量点之间距离的相对变化，也就是距离变化与圆环整体大小的比值。人们寻找的典型引力波的振幅在 10^{-21} 至 10^{-24} 数量级：假如圆环直径为 1 米，一个质量点相对于另一个质量点移动了 10^{-21} 至 10^{-24} 米；假如圆环直径为 1 千米，一个质量点相对于另一个质量点移动了 10^{-21} 至 10^{-24} 千米，即 10^{-18} 至 10^{-21} 米。你可能有些吃惊：质量点的移动距离貌似会随着引力波通过的圆环大小而变化。但要注意，这并非是一个作用力，而是时空的变形改变了两个物体之间的距离：两个质量点之间的初始距离不同，一个质量点相对于另一个质量点的移动方式也会不同。这一现象显示出，时空发生了变形，而质量点的例子不过是凸显了这一点。

但这个差异小得令人难以置信，这既是因为引力十分微弱，也是因为引力波源距离很远。实际上，引力波朝所有方向扩展，逐渐远离波源，强度也慢慢变弱——初始能量被分散到一个越来越大的区域内。而且，引力波的振幅也随着与波源的距离变大而减小。因此，假设地球非常接近一个超大质量黑洞的视界，按上述估测，波源产生一个振幅为 10^{-14} 米的引力波，这个引力波的"潮汐力"可比月亮的潮汐力要小得多，但在通过地球时却足以毁灭地球。

引力波是否存在？

自从爱因斯坦预言引力波的存在，一些物理学家就一直质疑这些波的真实性，认为这不过是错误解读方程式所导致的数学产物：重新定义时空坐标，就会让这些引力波消失。由于争辩的声音从未停止过，而且连爱因斯坦本人也犹豫起来，寻找引力波事不宜迟。

1905 年，"引力波"这个术语首次出现在庞加莱的文章里。在这篇文章里，庞加莱试图在对狭义相对论的相关研究中引入引力。但在 1916 年 6 月，爱因斯坦指出广义相对论的方程组表明了存在引力波。在同一篇文章中，爱因斯坦计算出了一个系统以引力波形式所失去的能量。首先，他认为一个球面对称系统可以发出引力波，但又发现出了错，并在两年之后在"四极公式"中做出了更正。有一点要注意，爱因斯坦的结论要求，超新星的爆炸如果是引力波源，那爆炸必须以不对称方式发生，也就是以非球面的方式发生。

你是说"四极"吗？

顾名思义，"四极"指的是质量在位于四个象限的四极的分配。引力波的波源必须至少有一个这样的结构，或者一个更复杂的结构。当你看到波源产生的引力波的结构后，就不会对这一事实感到吃惊了（图 8.1）。

由于无法彻底消除种种疑虑，无法说服人们相信引力与其他作用力的行为有所不同，一些科学家始终怀疑引力波的存在。爱丁顿曾嘲笑道："这是一种以思想的速度传播的波。"1937 年，在尚未意识到自己的错误并校正之前，爱因斯坦曾在与内森·罗斯共同创作的一篇文章中短暂地改变过立场。争论持续了好多年，直到 1957 年，理查德·费曼给出了一个非常简单的结论，才结束了这场辩论。这一结论后又被赫尔曼·邦迪发扬普及，命名为"粘性珠子理论"（sticky bead argument）。

史密斯先生与粘性珠子

1957 年，一场围绕"引力在物理学中的角色"展开的研讨会在北卡罗来纳大学教堂山分校举行。这个议题不像今天这么受人瞩目，因为当天，一向以幽默著称的美国物理学家理查德·费曼竟然化名"史密斯先生"出席了会议。他构想了一个划时代的思想实验：假设一个简单系统，仅由串在杆上的珠子构成；珠子沿着杆滑动，明显受到一些小小的摩擦力；把杆垂直放在假定引力波的传播方向上。正如人们看到的那样，杆受制于一个潮汐力，后者通过反复地收缩与拉长，使杆产生变形。珠子在波的推动下前进，但由于珠子（几乎）是自由的，它会沿着杆滑动，由此造成的摩擦会发出热量。

现在，波已经过去；实验系统回到之前的状态，但热量被散发了。毫无疑问，这说明产生热量的引力波不仅仅是一个想象的产物，波确实存在，而且传递了能量：穿过整个杆和球的系统时，波失去了非常小的一部分能量。

光速传播

为了测得引力波的速度，我们要回顾一下第六章讲到的力的介质和力程之间的联系。一个力（如引力）的力程是无限的，因为力的介质（如引力子）没有质量。然而相对论告诉我们，没有质量的粒子会以光速传播。所有电磁现象可以被视为光子的传播，同样，所有引力现象，尤其是引力波，可以解释为引力子的传播。我们由此推断，引力波以光速传播——至少在广义相对论的框架里是如此。

向伽利略求助

　　引力波以光速传播的论据可能无法说服某些读者，因为这个论据采用了量子力学的"波－粒"关系，而我强调过，引力与量子理论的统一存在困难。因此，我们可以使用量纲分析：广义相对论中有两个常数——引力常数 G（单位 $m^3 \cdot kg^{-1} \cdot s^{-2}$）和光速 c（单位 $m \cdot s^{-1}$）。如何在这两个宇宙常数的基础上创建一个有速度维度的量呢？回答明确而唯一：只有光速。由此我们总结出，在广义相对论框架里，引力波的传播速度与光的传播速度一样。

　　这是不是意味着，在宇宙发生巨变的情况下，引力波和电磁波能同时到达地球？不一定。因为光的传播——更普遍地说是电磁波的传播会被巨变的周围物质阻碍：想象一个宇宙巨变现象被尘埃云围绕，光必须穿过尘埃云才能传播，也就是说，光要从一个尘埃到另一个尘埃，曲折前进；为了到达地球，光应当穿过了比直线距离长得多的距离。反之，引力波可以无视这些尘埃，以几乎直线的方式轻松穿过，而不起任何反应，因此引力波会提前到达。

　　我们现在来看看引力波的波长或者频率。电磁波覆盖了从无线电波到 γ 射线的 20 个频率量级。与电磁波相似，人们预期引力波的频率同样覆盖了将近 20 个量级（图 8.3）。每个波长范围都对应着一种特殊类型的天体物理学波源。

　　天体物理学中的一个重要波源是致密双星系统，即由两个致密恒星——中子星或黑洞形成的波源。大家也许认为双星系统的波源非常少见，但事实并非如此。我们在天空中看到的恒星中，有一半恒星都至少有一个伴星。比如，离太阳最近的恒星——半人马座 α 星，实际上是一个三星系统。这也是彰显引力在宇宙中的重要性的标志之一。

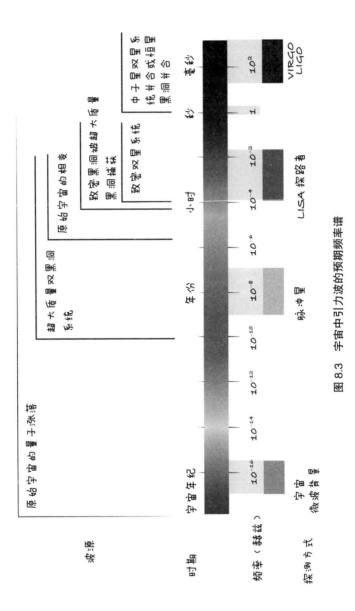

图 8.3 宇宙中引力波的预期频率谱

两个天体一个围绕着另一个旋转，构成了运动中的质量。因此，双星系统能发出引力波。不难理解，双星系统辐射的引力波频率应该相当于双星相互旋转的频率的2倍——至少在双星质量相同的情况下应当如此。对于远处的观测者而言，辐射每间隔半个旋转周期重复一次（图8.4）。

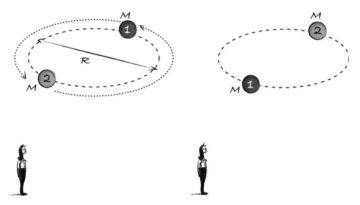

图 8.4 远处观测者所看到的（质量相同）双星系统

开普勒定律根据双星系统的相同质量 M 和轨道半径 R，给出了旋转频率的计算方法：运行频率的平方与质量成正比，与轨道半径的立方成反比，其比例系数包括引力常数。这让我们估算出某些双星系统发出的引力波的预期频率。以中子星双星系统为例，它的质量 M 大概是1.4倍太阳质量，半径 R 约为100千米，由此算得的频率在数百赫兹数量级。我们将在下一章看到大型地面探测器如何研究这类频率。相反，如果我们以超大质量双黑洞系统为例，诸如在星系对撞中（见第九章）诞生的双黑洞系统，其质量 M 相当于数百万倍太阳质量，半径 R 相当于1个天文单位（即日地距离，1.5×10^{11} 米），因此，相应频率在 10^{-4} 赫兹数量级，通常由大型太空探测器探测研究。

对宇宙波源而言，宇宙视界确定了引力波的波长。在复合时期，视界相当于1亿光年（见图5.2，天空中的1度，），这产生了一个 10^{-16} 赫兹的频率。在更原始的时期，产生引力波的事件对应着一个更狭窄的视界、更微弱的波长和更高的频率。因此我们预测，引力波的频率应该覆盖了一个非常大的频率谱范围。

双人舞

让我们再进一步看看双黑洞系统——这也许是两个恒星黑洞，也可能是两个位于星系中心的超大质量黑洞。双黑洞系统发出引力波，系统因此会失去能量，两个天体逐渐接近。根据开普勒定律，其转动频率会变大。最终，两个黑洞的视界碰到了一起，双黑洞并合，成为一个黑洞。

黑洞的并合是宇宙中的一大奇景。作为典型的引力物体，黑洞的并合现象是在极端条件下证实引力理论预言的好机会。比如，当两个黑洞的视界接触时，会发生什么呢？最终黑洞的质量是多大？根据"无毛定理"，每个黑洞有三根"头发"——质量、电荷和角动量，两个黑洞共有六根"头发"，那么对于并合而成的黑洞而言，就多出了三根"头发"。如何丢掉这些多余的"头发"呢？双黑洞系统周围的物质会有怎样的命运呢？

这一非凡现象无疑是科学探索的重大机遇，也是探索引力波来源的绝佳机会。我会在下一章详细描述。现在，让我们首先通过在美国物理学家基普·索恩所绘制的表格，一步步分析黑洞并合的各个过程（图 8.5）。

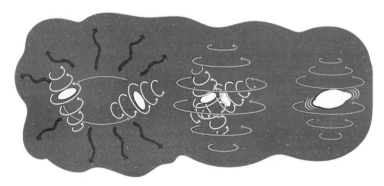

图 8.5 基普·索恩认为，双黑洞并合分为三个阶段：左图是"旋进"阶段，中图是"并合"阶段，右侧是"铃宕"阶段

在某一时刻，两个黑洞足够靠近，结果视界碰到了一起。因此，双黑洞就不能再被视为简单的质量物体了：视界周围的时空呈现出"非平凡"（nontrivial）的几何形状，同时还发生了上一章提过的现象。引力场在这一区域非常密集，物理学家们偏爱的近似计算方法不再奏效，需要用数字化方式解决问题，也就是说，在计算机上处理这个问题。

这个任务非常困难：爱因斯坦方程组实际上代表了 10 组方程式，这些方程式与 4 个时空变量有关——1 个时间变量，3 个空间变量。在 1995 年，一些美国研究小组创建了"双黑洞系统挑战联盟"（Binary Black Hole Grand Challenge Alliance）。为了重新迎接双黑洞系统的大挑战，他们共享了全新的计算手段，但没有取得任何重要成果。

然而 10 年之后，即 2005 年，普林斯顿大学研究员弗朗兹·比勒陀利乌斯完成了一个壮举，成功地实现了一个黑洞完整并合的数字模拟，并评估了产生的引力波。这一模拟结果应该是成熟有效的。很快，许多美国和欧洲研究小组都做了重建。

图 8.6 展示了一个最近的数字模拟结果。我们从中看到，时空如何在旋进运动中被扰动；其后，一个黑洞"潜入"另一个黑洞，最终合为一体。只有更详尽了解这一时期，我们才能精确预测期间产生的引力波的形状。这是非常珍贵的信息，提供了与我们知之甚少的引力相互作用，以及在极端情形下的时空形状有关的第一手资料。

最后一个阶段称为"铃宕"——英语 ringdown 一词原意为"鸣铃谢幕"。并合时产生的物体远比一个简单的黑洞复杂多了，尤其是它有太多"头发"，即太多特征。新生物体如何丢去多余的"头发"呢？答案：以引力波的形式。因此，这也是一个简化阶段。期间，黑洞要放弃最新的特征。比如，假设两个气泡在液体中融合，在重新变成一个完美的球形气泡之前，最终形成的物体将先产生短暂的波动；这些波动会消散一些能量到周围环境中，就如同并合的黑洞在时空中消散能量。

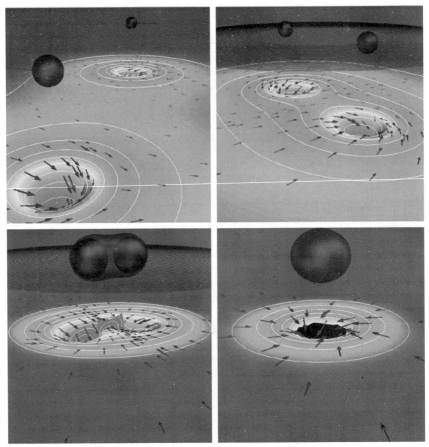

图 8.6　SVX 数字模拟系统得出的双黑洞并合连续阶段

暗黑色区域代表视界，视界之下展示的是相应的时空（SystemVision® conneXion™，加利福尼亚理工学院 – 康奈尔大学）

　　总体来讲，引力波形状如图 8.7 中所示。在并合阶段，引力波频率特有的增大现象如同小鸟的"吱吱"叫声。实际上，如果我们真的把信号转换成声波，黑洞并合发出的"声音"的确与乌鸫的叫声相似！

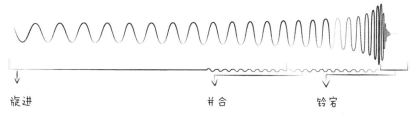

旋进 　　　　　　　　　　并合 　　　　铃宕

图 8.7 　双黑洞并合的最后阶段产生的引力波形状

　　通过研究引力波的频率随时间的变化，我们可以一直追溯，直至找出波源的参数，尤其是原始黑洞和最终黑洞的质量。这样一来，还能确定波源信号的振幅。而探测到的信号振幅能指出波源的距离。正如大家看到的，引力波向四面传播，随着与波源的距离变大，波的强度逐渐减小，因此引力波的振幅也随着与波源的距离变大而减小。

　　到现在为止，我一直设想的是在广义相对论中出现的理想黑洞。但众所周知，天体物理学黑洞总被一些物质围绕，如吸积盘、粒子流等。人们不禁自问：这些物质是否干扰了我们已经确认的信号？其实不会干扰，因为物质与视界保持着一定距离，比我们认为在双黑洞并合最后阶段中的距离还要大。但是，以引力波形式产生的能量非常大，远远高于银河系里全部恒星产生的光能之和。如果这一能量中的极小一部分转换成光能，也就是电磁能，那么当它穿过物质区域时，就会成为引力信号的补充。补充信号没有引力信号那么直接，但同样宝贵，因为它可以告诉我们双黑洞周围的物理学关键进程的相关信息。难点在于，这个电磁学信号需要几年时间才会从物质中浮现出来，因此与引力信号并不一定同步。而引力波穿过物质层时几乎不会起任何相互作用，因此不会滞后。

　　在探索引力波之前，我们已经找到了研究方法："引力天线"——一百年科学研究的结晶（见焦点 VIII）终于战胜不可想象的技术挑战，来到世人面前。

如何找出引力波?

引力波探测任务有着双重性:一方面,引力非常微弱,引力波能在可测宇宙范围内的距离中几乎不变形地传播;但另一方面,出于同样的原因,引力波对我们周围物质的作用也极小。但这种作用仍可以量化。我曾讲过,远离千米的质量点的相对位移为 10^{-18} 至 10^{-21} 米。

这是个极其小的量级。如果考虑到质子的大小(约 10^{-15} 米),这个任务貌似不可能完成了。但别忘了,一个物体的所有原子(几克物体有约 10^{24} 个原子)以相同的距离相对于另一个物体运动。

为了达到如此高的精确度,必须使用一些精准的计量手段。为此,我们还是要求助于传统的长度标准——光。焦点 II 已经讲过,人们用光速定义米的长度。而且,铯 133 的原子发射光线的周期[1]定义了秒。如何使用这个与光波一样精准的标准呢?我们可以利用一个以干涉现象为基础的技术。

精确计量与干涉度量学

首先,什么是波的干涉现象?如果把波放在液体表面上,研究起来会更直观一点。假设你同时把两块石头扔进平静的池塘里;从每块石头撞到液体表面开始,水面上就形成了同心波,波长与石头的大小有关;在碰撞区域,每块石头各自产生的波叠加在一起,此时,你在水面上就能看到"干涉现象"特有的图像(图 8.8)。如果你毫无规律地扔出一堆石头,干涉图像就会变得混乱,水面上会发出"啪啪"的水声。

---

[1] 光线周期指的是光线穿过与波长相同的距离所用的时间。

图 8.8　两个同时扔进平静池塘里的石头在水面上激起了波，波组合成干涉图像

相同现象可以用光波再现，如图 8.9 中展示的杨氏双缝干涉实验一样：一束均匀光波照亮了板子上钻出的两个缝隙；从板子另一测射出的两个波叠加，并在一个放置在更远处的屏幕上产生了干涉图像——连续的明暗条纹。在这里，光线的均匀性非常重要，比如，激光就有这种特性。

干涉图像取决于实验距离：如果将观测屏幕拉远，条纹间距会变大；反之，如果把两个缝隙拉远，条纹就会靠近。

这一原理能测量出极其微弱的距离差异。迈克尔逊干涉仪运用的就是这种原理，并帮助迈克尔逊和莫雷完成了历史性的光速测量实验。图 8.10 中总结了这一原理：一束激光以 45 度角落在一个半透、半反射薄片上，后者把一束激光分成了两束；每个光束各自被一面镜子反射，在通过相同的距离后，重新反射到薄片上；两个光束重组，相应的光波互相干扰，在屏幕上能观测到干涉图像。

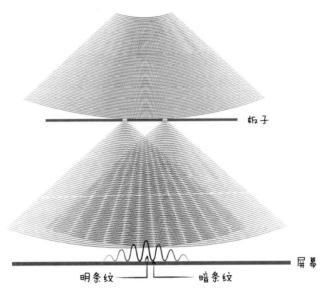

明条纹　　　　　　暗条纹

图 8.9　杨氏双缝干涉实验

干涉波振幅的最小值对应着波的相消干涉（暗条纹），振幅的最大值
对应波的相长干涉（明条纹）。

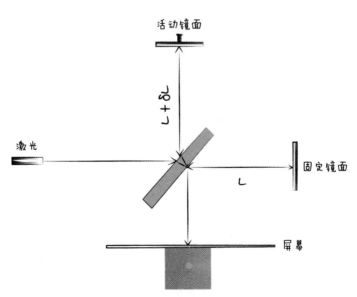

图 8.10　迈克尔逊干涉仪的原理

变量 δL 是两个光束在两个干涉臂上通过的距离差。

如果两个光束在两个干涉臂上通过的距离一样，则两个波将合二为一，在屏幕中央会呈现一个光点。随着远离中心，干涉可以是破坏性的（相消），也可以是建设性的（相长）（图 8.9），于是，我们分别看到了暗条纹和明条纹。如果我们逐渐移动活动反射镜，两个光束通过干涉臂的距离就会不一样。我们会看到，条纹的数量相当于两个干涉臂的距离差与激光波长的比值（图 8.10）。

因此，如果我们采用一个波长为 1.064×10^{-6} 米的激光，而且看到出现 2 个条纹，就可以由此判断，活动的反射镜移动了 2.128×10^{-6} 米。

我们距离 10^{-18} 米的实验距离仍然十分遥远，但这至少说明，迈克尔逊干涉仪是精确计量的起点。在讲述干涉仪如何用于研究引力波之前，我们先看看这类探测器有哪些特点。

多大的探测器？

为了测量引力波，探测器应该能测量位于相关波长数量级（至少不能小太多）距离上的两个质量的运动。波长是通过波的频率与速度算得的，更精确地讲，是通过光速（千米每秒）除以频率（赫兹）计算出来的。我们在上一章看到，中子星双星系统产生的引力波频率达上百赫兹，因此波长在 300 000/100 数量级，也就是 3000 千米。这一波长对干涉仪而言有点大了：要知道，迈克尔逊和莫雷使用的干涉仪是放在桌子上使用的。

对一个超大质量双黑洞系统来说，引力波频率是 10^{-4} 至 10^{-2} 赫兹，波长超过了 3000 万千米。面对这么长的距离，在地球上安装一个相对规模极小的探测器根本毫无意义。但是，顽强的研究人员们没有被这个细节阻止：宇宙空间如此辽阔，完全可以放下一个足够大的"怪物"。

进入宇宙空间还有一个好处——摆脱地震波的干扰。地震波有一个令人恼火的特性，它们的频率正好与引力波处在相同的波段：要是把地震波认作引力波，那可要闹大笑话了！

准备测量引力波的干涉仪

利用干涉仪来测量引力波，这个想法可以追溯到 20 世纪 50 年代末。然而直到 20 世纪 70 年代初，在麻省理工学院的雷纳·韦斯的推动下，人们才真正开始设计探测器。同时，格拉斯哥大学的罗纳德·德瑞福提出添加一个谐振腔，以改善干涉仪性能的想法。1979 年，他加入加州理工学院。当时，理论物理学家基普·索恩也在那里打造"激光干涉引力波天文台"（LIGO）的原型。1983 年，阿兰·布里耶在法国奥赛构建了一个干涉仪模型，该模型后来被法国和意大利联合研发成"室女座干涉仪"（VIRGO）。现在，全世界都依据相同原理架起了探测引力波的地面引力天线：除了美国的两处 LIGO 干涉仪天文台和意大利比萨附近的 VIRGO 探测器之外，还有德国汉诺威的 GEO600 引力波观测站、日本的 KAGRA 大型低温引力波望远镜，不久之后，印度也将建造第三个 LIGO 干涉仪天文台。到底是什么引起了全世界的兴趣？就为了直接探测引力波吗？

在回答问题之前，我们先来看看干涉仪在引力波探测中的意义。实际上，其原理与迈克尔逊干涉仪非常相似（图 8.10），最主要的区别是添加了谐振腔（图 8.11）。每个干涉臂上都加设了一面半反射镜：光被干涉臂末端的各面反射镜牢牢捕捉，在最终形成的"谐振腔"之间走了好多个来回——光在这里平均停留 1 毫秒，穿过了 300 千米的路程。光穿过的实际距离被延长了，这一过程也用来稳定激光束。

我们已经知道，迈克尔逊干涉仪能测量 10^{-6} 米的距离。但现在必须将这一距离增大到 12 倍数量级左右。上文提到过的各项进展及其它研究已经成功赢得了这一挑战。

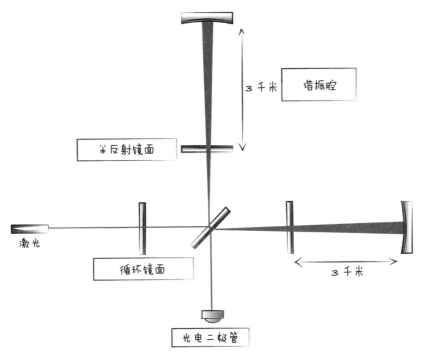

3 千米

谐振腔

半反射镜面

激光

循环镜面

3 千米

光电二极管

图 8.11　VIRGO 探测器使用的干涉仪

每个干涉臂上都加设了谐振腔，称为"法布里－珀罗"（Fabry-Pérot）干涉仪。
在光线入射处放置了一个循环镜面，能把干涉仪内的干涉强度增大 50 个系数。
干涉条纹最终被光电二极管接收测量（图下方）。

如果一个引力波从垂直于纸面的方向穿过了干涉仪，那么干涉仪的组成部
分将如图 8.1 展示的那样移动。这意味着，一个干涉臂变长，而另一个干涉臂
长缩短，让干涉条纹在接收器（光电二极管）中周期性地出现。我们借此就能
探测到波的通过。

当然了，为了达到这样一个精确的计量水平，需要与众多测量干扰源进行
斗争，也就是我们所说的"噪声"。尤其在低频率的时候，最难控制的干扰来
自地震波——地球的震动。甚至一辆卡车或一列火车从探测器附近路过，都能
造成干扰。这就是为什么探测器总要与高得吓人的吊架连在一起，吊架在最大
程度上把探测器与地震噪声隔绝（图 8.12）。

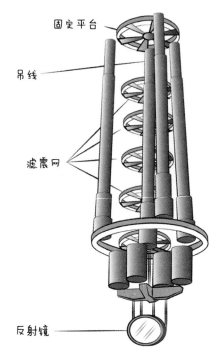

固定平台

吊线

滤震网

反射镜

图 8.12　VIRGO 探测器的一个干涉仪吊架，有力地减少了地震噪声干扰

　　地面探测器着重观测的天文事件是与超新星或 γ 射线暴有关的不对称爆炸，或者是双中子星、双黑洞或黑洞与中子星之间的并合。无论如何，这些天体必须有一个典型的恒星质量（比如太阳质量），天文事件才能在探测器的频率范围里被观测到。

　　因此，确认天空中波源的位置十分重要，特别是为了看看它们是否同样发射（能在地球上被探测到的）电磁辐射或高能粒子。为此，我们采用与泰勒斯在 2600 年前发明的"三角形测量法"类似的方法：为了计算船与岸的距离，泰勒斯把两个观测者 A 与 B 放在了指定的距离上，并要求他们记录下自己与各自看到的船的方向相连的直线之间形成的角度（图 8.13）；通过 AB 边和两个角重建三角形，泰勒斯测出船与岸的距离。

　　我们根据相似的方式，利用两个（或更多）位于两个不同半球的干涉仪对宇宙波源进行三角测量，并对波源位置进行精确测算。因此，LIGO 天文台研究团队最初将一台探测器安装在了美国路易斯安那州的利文斯顿，另一台安装在 3000 千米外的华盛顿州的汉福德。但是，为了找到更精确的位置，参考距离应当越远越好，最好能将引力天线遍布全球，所以 LIGO 天文台研究团队就计划将一台探测器安装在印度。

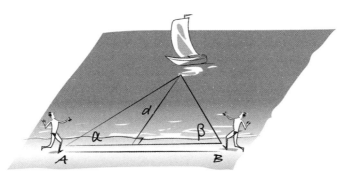

图 8.13 泰勒斯的三角形测量法：通过测量 AB 距离与两个角度得出船的位置

我们已经看到，地面探测器的频率范围与波源相当，从 10 多赫兹到数千赫兹不等。而在波源处，运动的质量相当于太阳质量。因此开始时，波源产生了一些相对较弱的振幅，只能在与波源相对比较近的距离内才能探测到。正因如此，LIGO 天文台与 VIRGO 探测器的最初版本只对临近的波源敏感（20 兆秒差距数量级的中子星双星系统）。人们已经做了很大努力来改善干涉仪的敏感度，大幅扩展观测范围。改良后的探测器被称为 "升级版" LIGO 或 VIRGO（图 8.14），其探测范围达到了 200 兆秒差距，可测距离增加 10 倍系数，可测体积增大 1000 倍系数。

探测器到底能探测到多少有意义的事件？首先，我们应该对事件的发生率，即每年在一定体积内发生的事件数做一个评估。天体物理学模型可以测量事件的发生率，但有很大的不确定性：发生率的估算系数在将近 10 到 100 之间。初代探测器虽然堪称技术壮举，但其灵敏度有限，只能在乐观的假设情况下才有希望完成探测任务。

　　而新一代"升级版"探测器带来了新的希望：其观测范围增大 1000 倍，灵敏度大幅提高。人们曾推测，即使在最悲观的情形下，也应该能直接探测到引力波。慷慨的大自然终将赐予物理学家们一个宝贵的礼物……

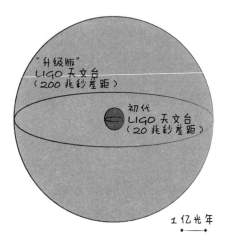

图 8.14　最初的 LIGO 天文台与"升级版"LIGO 天文台对双中子星系统的探测范围分别为 20 兆秒差距和 200 兆秒差距

焦点 VIII　追踪引力波的百年之路

　　引力波理论作为广义相对论的一个结论，诞生于爱因斯坦的两篇论文，即 1916 年的《引力场方程的近似积分》和 1918 年的《关于引力波》（图 VIII.1）。尤其在后一篇里，爱因斯坦修正了第一篇论文里的错误，通过四极公式阐述了双黑洞系统如何以引力波的形式丢失能量。但当年，很少有人相信有一天能找到引力波，甚至爱因斯坦自己都不相信，因为引力波太微弱了。

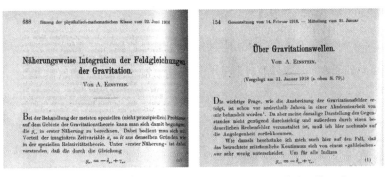

图 VIII.1　爱因斯坦于 1916 年和 1918 年创作的两篇论文的开头

　　直至 20 世纪 50 年代，尤其在约翰·惠勒的倡导下，引力波的实验研究才真正开始。1955 年，马里兰大学的约瑟夫·韦伯利用年休假潜心研究这一问题。接下来的几年里，他设计了一种圆柱形铝棒探测仪，可以对一定频率的振荡产生共振：如果有恰好具有该频率的引力波通过探测仪，波会让铝棒规律地发生振荡，从而产生共振；因此，振荡效果加强，并能被铝棒上的传感器记录下来（图 VIII.2）。

图 VIII.2　1969 年，约瑟夫·韦伯在马里兰大学调试铝棒探测仪
尽管只能捕捉到特定频率的引力波，这个仪器仍是一个创举。

1969 年，韦伯宣布找到了引力波：分别位于马里兰大学校园和芝加哥阿贡（Argone）国家实验室的两个铝棒同时捕捉到一个信号。遗憾的是，没人能重现实验结果。今天，人们推测那应当是探测仪自己的噪声，被误当成了信号。

不久之后，人们在干涉仪基础上开拓了新技术。两位前苏联科学家米哈伊尔·格森斯坦和弗拉季斯拉夫·普斯托瓦率先提出了干涉仪的设想。随后，美国、欧洲的研究团队相继开展了独立的研究。

然而，尽管引力波的探测迟迟未能得到结果，在 20 世纪 70 年代，还是出现不少观测证据，证明引力波确实存在。其中最有说服力的证据来自于"毫秒脉冲星"的研究：脉冲星是一种自转速度极快的中子星，毫秒脉冲星在千分之一秒内就能自转一圈；而且，脉冲星在磁轴的方向发出一个强电磁辐射。由于磁轴和自转轴并不吻合，电磁辐射的射束会规律地扫过宇宙空间，就如同一座灯塔：如果将探测器放置在辐射射束途经的地方，就能在非常规律的间隔期间中探测到射束。

大部分时间，毫秒脉冲星都位于围绕伴星旋转的轨道上。既然旋转的双星系统会发出引力波，系统会失去能量，而且两个天体将逐渐接近——

转动频率会变大。在某些情况下，我们可以测量出频率的偏差，并与广义相对论的预测（能够计算以引力波形式失去的能量）进行对比。

引力波，值得上一个诺贝尔奖

拉塞尔·赫尔斯和约瑟夫·泰勒发现了 PSR 1913+16（PSR 就是脉冲星 Pulsar 的英文缩写）射电脉冲双星系统，开启了从脉冲星角度研究引力波的先河。这是一个大约 1.4 倍太阳质量的双星系统，其中一个围绕另一个在椭圆轨道上旋转（图 VIII.3）。这一双星系统非常紧凑，两个天体之间的最小距离只有太阳半径大小（70 万千米，即 3 光秒）。

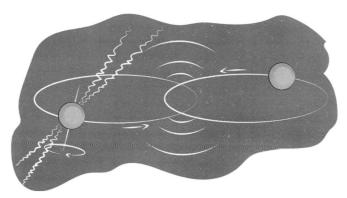

图 VIII.3　PSR 1913+16 射电脉冲双星系统的结构

左侧为地球上观测到的脉冲星；右侧是另一个尚未被直接观测到的天体，可能同样也是一颗脉冲星，但其脉冲被发射向背离地球的另一个方向。

双星中唯一被探测到的天体是一颗脉冲星，也是一颗中子星，它每隔 59 毫秒向地球方向发射一个属于无线电频段的脉冲。我们已经知道，两个天体是一个围绕另一个旋转的，因为在脉冲星离地球较远或者较近的阶段，我们观测到间隔 59 毫秒的波动。天体物理学家由此推断，双星系统的旋转周期为 7 小时 45 分钟 7 秒，即 27 907 秒——原则上，由该双星系统发出的引力波的频率应该是 4.5030×10^{-4} 赫兹。

我们通过广义相对论能计算双星系统以引力波形式失去的能量，以及随时间流逝，由此产生的旋转周期偏差：根据法国物理学家蒂鲍尔·达穆尔和娜塔莉·德鲁埃勒的计算，该偏差为每年减少 0.0765 毫秒。这正是乔尔·维斯伯格和泰勒精确证实的结果（图 VIII.4）。为此，赫尔斯和泰勒赢得了 1993 年的诺贝尔奖！

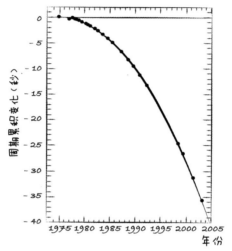

图 VIII.4 在 1970 年至 2005 年期间，PSR 1913+16 双星系统旋转周期缩短的累积结果：抛物线中的各点是观测数据，而抛物线本身是理论预测结果

第九章

我们做到了！

2016 年 2 月 11 日，美国华盛顿国家科学基金会的大厅座无虚席。传闻在网上已经发酵了好几个月："升级版"LIGO 天文台一旦记录下科学数据，就应该能找到证实引力波存在的事件。一些物理学家并不了解内情，却又想借此出名，于是在博客上抢先发布了他们自认为已掌握的情况。但是，LIGO 天文台研究组却始终保持沉默。

直到这一天，国家科学基金会会长弗朗西斯·科多巴发表了简短的讲话，简要重申了引力波研究的重大意义。之后，LIGO 天文台研究组的负责人大卫·瑞慈走上讲台，一字一字地说："我们……已经探测到了……引力波！我们做到了！"掌声如雷，相机的闪光灯记录下这一激动人心的时刻。随后，科学合作组织的发言人加布里埃尔·冈萨雷斯，以及引力波研究领域的先驱雷纳·韦斯和基普·索恩共同详细介绍了发现结果——这是一个至关重要的发现。

13 亿年前

两个黑洞，其各自的质量大约是 30 倍的太阳质量。从远古以来，它们就一个围绕另一个旋转。两个黑洞所形成的双黑洞系统以引力波的形式持续丢失能量。因此，它们相互之间越靠越近，转得也越来越快。我们感兴趣的时刻，是两个黑洞的视界相互接触之前的那不足一秒的瞬间。两个黑洞之间的引力场非常强烈。你可以想象一下，总计大约 60 倍太阳质量的天体挤在几百千米范围内，这该是怎样的场景！空间和时间都被巨大的质量扭曲了，而且这种扭曲以引力波的形式向所有方向传播。这一切发生得很快。两个黑洞并合成一个黑洞，新黑洞的视界最初保留了双黑洞系统的"记忆"。但很快，如同两滴水银的融合为一滴，新的视界将经历一些变化，以引力波的形式失去它最后的特征，并重新回到一种对称形式。这个全新的黑洞也会弯曲时空，但不再辐射引力波了。

13 亿年后，确切地说是世界时间 2015 年 9 月 14 日 9 时 50 分 45 秒，时空的弯曲到达了地球。它首先被位于路易斯安那州利文斯顿的 LIGO 天文台探测到，接着在 7 毫秒之后，又被 3000 千米之外在华盛顿特区汉福德的 LIGO 天文台捕捉。两次探测到的信号都非常清晰地从背景噪声中分辨出来。事实上，信号的振幅比预期大得多，LIGO 天文台的物理学家们没有预料到会存在如此大质量的双星系统。自动化信息处理系统开始运行，确定了信号的状态。两个相距 3000 千米的探测仪捕捉到的信号竟然是一样的！就在 9 月 14 日当晚，LIGO 天文台研究组的研究员们已经确信，自己完成了一个重大发现。

你可以在图 9.1 中看到这个美丽信号的信号图，以及它与理论预测的对比。在次年 2 月 11 日的新闻发布会上，以及 LIGO 天文台研究组和共同参与分析的 VIRGO 探测仪研究组一起在《物理评论快报》（*Physical Review Letters*）上发表的文章中都呈现了这张图。在上方图中，你会看到利文斯顿（右侧）和汉福德（左侧）各自捕捉的信号；汉福德的信号又在右侧重现。看，这两个信号的重合度很完美吧！在下方图中，灰色虚线表示通过多种数据分析方法，特别是经典的"小波分析法"提取出的信号。你应该能辨认出"吱吱"叫声的传统信号（频率的增加），我们曾经在图 8.7 中见过。因此，LIGO 天文台的物理学家很快推测出线性调频（"吱吱"叫声）对应的质量，并最终得出两个原始黑洞的质量量级——大约 30 倍太阳质量。许多人曾认为，这样一个系统的质量不可能超过 10 倍太阳质量。分析结果太出乎意料了，但也是一个巨大的惊喜，因为这意味着相关事件的能量比预期更大。

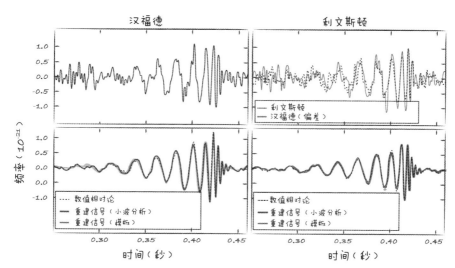

图 9.1　2015 年 9 月 14 日在利文斯顿（右侧）和汉福德（左侧）探测到的信号
上方图显示探测到的信号；下方是由两种不同方法重建的信号；虚线代表两个重建信号与数值相对论得到的理论预测值进行的对比（见彩页）。

一项更精确的分析确定了两个黑洞各自的质量，分别为 29 倍和 33 倍太阳质量，而最终的黑洞有 62 倍太阳质量。你可以做下加法 29 + 33 = 62 + 3，结果少了 3 倍太阳质量。这意味着在数个 0.1 秒中，双星系统以引力波的形式辐射出的质量能量达到了近 10^{50} 瓦特！超过了整个可观测宇宙中所有天体在同一时间里以光能形式辐射出的全部能量。

一旦掌握了这些参数，我们就能确定波源信号的振幅，继而从观测信号的振幅推出从信号到源的距离，即 13 亿光年或 410 兆秒差距。这个数字高于最初预测的 200 兆秒差距（图 8.14）。原因很简单：双星系统的质量比预期大了许多——这是两个约 30 倍太阳质量的黑洞而不是 1.4 倍太阳质量的中子星，因此波源能量更大。

请再注意一下图 9.1 中的水平时间轴：一切都发生在不到半秒的时间内。对于一个宇宙事件而言，这是不是太短了？真让人费解。但别忘了，LIGO 天文台仅对某一频率波段敏感，即 10 赫兹到上千赫兹之间。引力波的频率与两个黑洞的旋转频率直接相关。既然它们在几个世纪里不断相互靠近，双黑洞的旋转频率一直在增加，直到频率达到 10 赫兹时，探测器才能捕捉到信号。一切仅仅发生在最终并合前的一瞬间，而且只有这个事件足够强烈时，信号才能被探测到。

这是一个不确定的巧合吗？不是，发生这一事件的可能性很高。宇宙中几乎到处都在发生此类事件，而探测器只在 2015 年 9 月 14 日捕捉到了经过的引力波。来自其他源的波可能早已经错过了。

上一章讲过，理论学家为了预测这类事件信号的精确形态，进行了大量预测工作。在此次例子中，大家能在图 9.2 中看到同样来自发现报告中的信号图：图中显示了并合的三个阶段，以及与之相关的探测器振荡；在下方图中，还可以看到黑洞之间的距离随时间的演变——距离最终是黑洞的史瓦西半径的倍数，将近 185 千米；同时，我们也能从中得出以光速为单位的相对速度，从 1/3 光速演变到碰撞时的 2/3 光速！这真是一个令人难以置信的天文奇观。

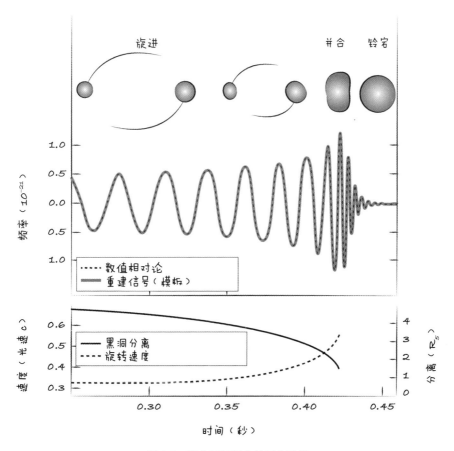

图 9.2　两个黑洞并合的三个阶段

三个阶段从左向右依次为旋进、并合和铃宕，图中显示了相关信号。在下方图中，黑洞之间的距离随时间发生演变（黑线），变化以史瓦西半径和旋转速度为测量单位。

GW150914

你也许从这个代码组成的名字中看不出什么名堂。但可以确定，任何一个专门研究引力的物理学家联想起这个代码时都会非常兴奋。GW150914 就是 2015 年 9 月 14 日被 LIGO 天文台观测到的波源的名字，其中 GW 代表引力波（Gravitational Wave）。这代表着引力波的首次探测成果，也是长长的系列代码的开端——当然，我们希望这将是一个很长的系列。接下来的波源名称也要遵循相同的范例：GW 后面跟着探测日期。

事件出现时，LIGO 天文台才刚刚投入运行，而次年 2 月 11 日通告全球的结果只是基于最初 18 天的数据的分析。如果考虑到这些因素，那么在未来几年中，我们应当能发现更多波源。LIGO-VIRGO 研究组已经在 4 个月后宣布发现了新波源 GW151226：这回是两个质量分别为 14.2 倍和 7.5 倍太阳质量的双黑洞并合，形成了一个 20.8 倍太阳质量的黑洞。我们这代人亲眼目睹了引力天文学的诞生，这将让我们以越来越精确地的方式测试、验证广义相对论。需要指出的是，GW150914 第一次让人们在超强引力场的状态下测试这一理论。我经常强调能测出的引力是多么微弱。然而，当两个 30 倍太阳质量的黑洞相互靠近数百千米的的时候，情况就大不相同了。正因如此，双星系统的旋转速度接近了光速！当然，即使在这些极端情况下，爱因斯坦理论看上去也能被证实。

说到这里，我们不得不停下来赞叹一番：在 20 世纪初，一位物理学家仅凭极其有限的引力实验，以及全靠大脑想出来的思想实验，就能提出一个直到今天才能在极端条件下被证实的理论，而他甚至没能设想到这些极端条件——爱因斯坦对黑洞从不感兴趣！

当然了，我们应该以更精确的方式证实爱因斯坦的理论。我已经提过在视界层面上发生的量子现象，比如"霍金辐射"。但人们仍然不了解引力的量子理论。视界是否如爱因斯坦经典理论预测的那样运转？或者，量子涨落留下了一些可观测的痕迹？观测会带给我们答案。而不久前，这些问题貌似只能长期停留在理论猜测的水平上。

空间天线——"引力宇宙"的天文台

我们仅从双星黑洞并合事件中就能学到这么多东西，那么超大质量双黑洞并合的事件又能告诉我们什么呢？当两个星系并合时，我们就有望看到这种事件。

为了观测此类并合，我们要在毫赫的频率波段内进行研究，而探测仪器就必须达到数百万千米大小。如何在太空中建造如此庞大的怪物？

在 20 世纪 80 年代初，美国物理学家彼得·本德尔和詹姆斯·费勒提出了一个新概念，在今天被命名为"激光干涉空间天线"，简称 LISA 探测器（见焦点 IX）。这个仪器再一次建立在迈克尔逊干涉仪之上。然而，太空是一个足够大的真空空间，我们可以放任激光束在那里传播，不再需要母体卫星的保护。因此，这里需要把每个干涉臂末端独有的反射镜相互隔离。反射镜实际上是拥有反射面的小立方体，被称为"测试质量"。每一面反射镜被一个母体卫星所包围，母体卫星的作用是保护立方体不受任何干扰。

这些干扰的本质是什么？它们可以是太阳风暴，即太阳发射的粒子流，也可以是微陨星，或者是能在测试质量上留下电荷的宇宙射线，等等。

在严格意义上，每个测试质量只会服从于引力。否则的话，我们将无法确认引力波是否通过。因此，如何切实保护好每个测试质量呢？方法如下：卫星围绕着测试质量，"吸收"了各种干扰，并在测试质量周围不断调整位置；为此，一台传感器将持续确认测试质量的位置；同时，几台微型助推器，也就是一种推进力非常柔和的微型火箭将实时调整围绕在测试质量身边的卫星的位置。这就是所谓的"阻力补偿系统"（图 9.3）。

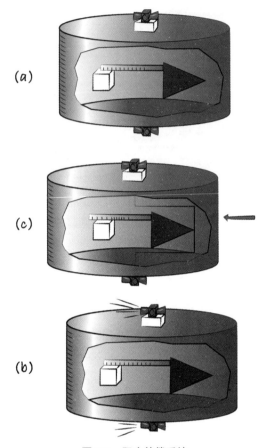

图 9.3　阻力补偿系统

(a) 卫星拥有一个内部测量系统，用来定位自己相对于测试质量的位置；
(b) 卫星受到了一个外部干扰，改变了它与测试质量的相对位置；(c) 当距离
变得特别大的时候，微型火箭点燃，调整卫星与测试质量的相对位置。

　　首先，在太空中重建一台迈克尔逊干涉仪只需要三个测试质量（图 8.10
中的两个反射镜与中心体系）和两个往返的激光链（干涉仪的两个臂）。最终，
一共最少需要三个卫星。但为了提高性能，最初的设计方案是一个完全对称的
等边三角形结构（图 9.4）。

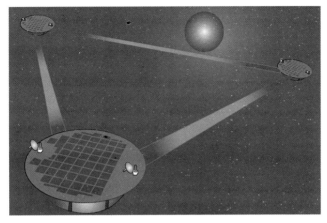

图 9.4　构成 LISA 探测器的三个卫星

每个卫星中搭载着测试质量；激光束分别在两个方向上连接卫
星；每对激光链形成了一个迈克尔逊干涉仪，持续监控测试质
量的位置。

在 LISA 探测器的设计概念中，每个卫星藏着两个测试质量，测试质量通过激光链分别与另外两个卫星连接（图 9.5）。每对组合的两个臂形成了一个干涉仪，由此形成了一个完整的迈克尔逊干涉仪。

两个卫星之间相距数百万千米。为了实现必要的性能，干涉仪测量距离差的精确度必须达到皮米（pm）数量级，即 10^{-12} 米！第一次听到如此精确的性能时，大家都很难相信，尤其是当我们把这一精确度与卫星之间数百万千米的距离进行对比的时候。然而，物理学家感兴趣的并不是在两个卫星内的测试质量之间的绝对距离，而是测试质量之间的距离差。毕竟，这里只需要测量测试质量如何相对于一个参照物移动几皮米的距离。这一任务可比 VIRGO 探测器和 LIGO 天文台的物理学家奋力达成的目标——达到 10^{-16} 至 10^{-18} 米的精确度，要容易得多。

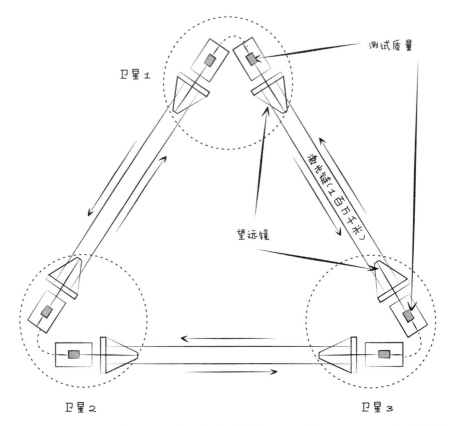

图 9.5　LISA 探测器组合，包括 6 个测试质量（每个卫星 2 个）和把卫星两两相连的激光链（每个方向上一个）

　　对于 LISA 探测器来说，真正的困难在于如何把测试质量与非引力干扰隔离。正是为了测试这个决定性要素，欧洲航天局实施了一个野心勃勃的计划——"LISA 探路者"（Pathfinder）探测器在 2015 年发射，目的就是彻底确认阻力补偿系统，并最终向更宏伟的任务迈进。

　　由三个卫星组合而成的探测器在围绕太阳的轨道上旋转，如同地球一样，但与地球保持一定距离，以便发送信息到地球观测站。每个测试质量的轨道，也就是忠诚地围绕着它转动的卫星们的轨道，都被精心选择，目的是让探测器整体围绕自身的轴所做的自转运动的时间与围绕太阳旋转的时间相同。

我们已经看到，为了通过三角形测量法确认波源，需要很多个干涉仪。考虑到任务的成本，很难在 LISA 探测器上实现这一要求。但我们可以改动一下泰勒斯提出的方法：如果雇不起两名观测者，让一位观测者从 A 点跑到 B 点就足以完成两次测量了；只要船在测量期间保持静止即可。我想在古希腊时期，缩减预算应该也很普遍了！换言之，LISA 探测器连续处于不同位置，就能够帮助我们完成一次三角形测量。在此期间，波源在太空中明显、大幅移动的风险很小。但是，波源绝不能停止发射：波源的发射时间必须足够长，LISA 探测器才能有足够的时间完成显著的移动，我们才能借此定位波源的位置。

空间天线可探测的科学

像 LISA 探测器这样的空间天线会在一个能让自己接触到河外信号的频率范围里运行。由于与信号相关的质量相当于百万倍太阳质量，而且运动非常剧烈，信号相对来说也比较强，而且很大一部分信号应该会在仪器背景噪声之上，占据主导地位。因此，关键问题不是像地面干涉仪那样必须消除背景噪声信号，而是把它从我们接收到的所有宇宙信号中区分出来。对于数据分析来说，这也是一个挑战，因为可能存在数以百万计的波源！这好比要从体育赛场的背景声音记录中重建两个人之间的私人对话：我们从辨认最嘈杂的观众欢呼声开始，记录观众的声音，然后把这部分声音从记录中删除，再去辨别其他声音。幸运的是，波源的"谈话声"可以持续几个月甚至是几年，而且交流量十分有限，谈话内容也相对重复。

特别是，空间天线的好处之一是其频率范围与已知波源——毫秒脉冲星的频率范围一致，恰是这一波源证实了引力波的存在（图 VIII.4）。这些波源被称为"验证"波源，因为空间天线的首要任务是辨识这些波源，并证实它们发射的波与地球上测量的结果相符。如果情况不是这样的话，物理学家就要开始怀疑仪器的性能了。

在其他天体物理学波源中，最壮观的事件无疑是超大质量黑洞的并合。欧洲航天局的 eLISA 探测器（见焦点 IX）就是一种空间天线，在最终并合之间的几个月，也就是说，在两个黑洞相互接近的阶段应该就能确认事件发生。图 9.6 通过对比信号的振幅与仪器灵敏度，给出了一个更详细的解释：如果信号振幅高于灵敏度的曲线，信号是可测的。我们注意到，在超大质量黑洞（100 万倍太阳质量）的情形下，信号在最并合之前的一年左右应该是可以被探测到的。这能为人们在太空中定位事件发生的地点留出一些宝贵时间。此外，在旋进阶段的信号形式能够以精确的方式指出并合的确切时刻。更有可能的是，如果公布了最初阶段的事件（每年都能测到许多次），人们可以将世界上最大的天文望远镜转向这些指定方向，这样就有希望收到一个同时性电磁波信号！

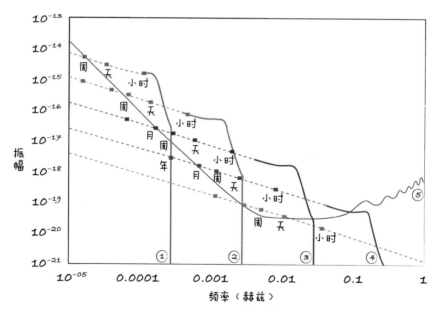

图 9.6　在超大质量双黑洞并合的最后阶段的信号振幅

黑洞质量相同，分别是 1000 万倍①、100 万倍②、10 万倍③和 1 万倍④太阳质量，对应时间为最后并合阶段⑤之前的 1 年、1 月、1 周、1 天和 1 小时。通过频率展示 eLISA 探测器的灵敏度：信号应该高于灵敏度才能被探测到。

很多其他波源也应该能被引力天线探测。比如，我们期待能探索到天体落入超大质量黑洞引力场的有关现象，借此更精确地丈量黑洞视界附近的时空。

这些天体应该十分致密，否则就会被中心黑洞视界附近肆虐的潮汐力撕碎。但是，恒星黑洞被中心黑洞捕捉后，还会在超大质量黑洞的视界周围沿轨道旋转数十万次，两者逐渐靠近，直到恒星黑洞最终消失在视界里（图 9.7 和图 9.8）。想要丈量星系黑洞视界近周的时空几何，这恐怕是最精确的方法。这也很可能会为我们提供有关黑洞视界的详细信息，并帮助我们回答如下问题：

- 黑洞视界的实质到底是什么？黑洞完全阻光，还是会让一些信息穿过呢？
- 黑洞附近的时空呈现怎样的几何形状？经典广义相对论能很好地描述该形状吗？要知道，黑洞视界周围的区域就是霍金辐射的发生地。这是唯一的量子效力吗？或者，量子物理学彻底颠覆了视界的几何学？
- 黑洞真的是以三根"毛发"——质量、电荷与角动量为特征吗？换句话说，天体物理学中的黑洞能满足于"无毛定理"吗？

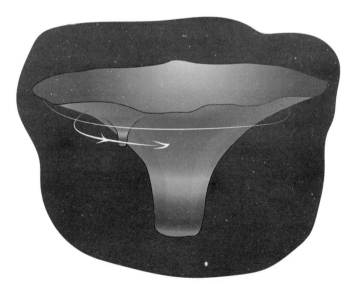

图 9.7　围绕超大质量黑洞沿轨道运行的恒星黑洞
变形的深度代表了观测点的时空弯曲。

想想就觉得兴奋，星系黑洞的视界之旅也许不再只是科学幻想，在不到 10 年后，这很可能要成为现实：一个小黑洞将用引力波的形式给我们寄来它观察到的所有信息。

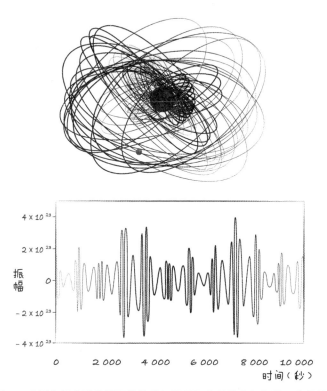

图 9.8　上图：一个围绕超大质量黑洞旋转的恒星黑洞在最终落入视界之前的轨道（轨道总数在 10 万数量级）；下图：该阶段发出的引力波形状

当宇宙仍然不透光的时候……

引力波的另一个用处，是能直接提供与复合时期之前的历史有关的信息。那时的宇宙充满了光的等离子。宇宙阻挡了光线，但对引力波而言却是透明的。这一最原始时期发生的所有剧烈事件都产生了遍布宇宙的引力波，而且可能是可测的引力波。

第四章提过的相变就是一个例子。谈起从夸克和胶子时期到物质由粒子（光子、中子等）构成的时期之间的相变，我联想起一个非常著名的相变过程——水和蒸汽之间的相变（图9.9）。通过观测一锅水的沸腾，我们就能理解这种转变：最开始的时候，一些气泡（蒸汽）出现在液体中；然后气泡增多，彼此之间开始对撞，并合成越来越大的气囊；液体中产生了涡旋。如果我们等得时间足够长，锅中的水就会消失，完全转化成了气体。

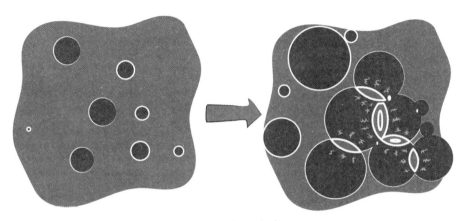

图 9.9　第一级相变

新阶段的气泡在初始时期出现；气泡变大，相互之间开始碰撞，产生了一些涡旋。

在原始宇宙的相变过程中，真空改变了性质和能量。一个新的真空，带着更少的能量与更大的稳定性，逐渐发展起来，类似水中的气体。新真空中的气泡在旧真空中发展起来。它们逐渐变大，相互之间开始碰撞，产生了涡旋。正是这些气泡的对撞及涡旋现象产生了引力波。如果现象足够激烈，引力波在自行发展的过程中原则上是能够被仪器探测到的。

与希格斯机制相关的弱电相变，是否是第一级相变？这一级的相变活动足够激烈，能够产生可测的引力波。如果我们相信严格意义上的标准模型，相变会显得过于柔和，但有些论据指出，研究需要超越标准模型。在这种情况下，弱电相变属于第一级相变的可能性就很大：不少理论证实，"标准模型之外"

有这种特性。因此，高能量粒子加速器的实验和针对宇宙最原始时期的引力波的研究，两者很可能会"殊途同归"。这将是帕斯卡所讲的"两个无穷"彼此交融的完美例子。

原始引力波与宇宙暴胀

我们能假设的最激烈的事件之一就是在大爆炸之后的宇宙暴胀。无论在整个暴胀时期，还是其终点的加热阶段，都有引力波产生。

我曾把引力波描绘为时空的曲率波。但我们在第五章已经看到，暴胀阶段会展平所有曲线。这看上去明显有矛盾。但别忘了，量子涨落会非常轻微地扰动时空的几何形状，重新让曲率变形，而这些变形将以引力波的形式传播出去。通过观测在宇宙微波背景放射中的扰动（图 V.1），我们就有可能找到在暴胀阶段产生的引力波。探测"原始引力波"有着重要的意义：只有它能证实，在宇宙微波背景中观测到的波动与引力和时空结构有关，甚至与量子力学引入的时空"虚"结构有关。

探测来自暴胀时期的原始引力波的方法之一，就是利用引力波与宇宙微波背景的光子之间的相互作用。这一相互作用让宇宙微波背景光线发生了偏振。首先，光子在引力场中很灵敏；正因如此，光的传播会被大质量物体扭曲，这也意味着，光子对引力波导致的时空变形也很敏感；此外，引力波存在两种偏振形式（图 8.1），这一点与光线相同，也就是与光子相同；引力波与光子之间存在着相互作用，引力波的偏振甚至能影响光子的偏振——原始引力波让宇宙微波背景辐射产生了偏振。

所以，在今天或者未来，人们探索宇宙微波背景的最终目的就是确认其中是否存在偏振。在大爆炸之后 10^{-38} 秒产生的引力波将是一道穿过暗墙的神奇通道，而这堵暗墙早在复合时期之前就出现在我们面前。

但是，这个任务非常艰巨。我们在今天，也就是说在光子移动了大概 150

亿年之后，才观测到宇宙微波背景的光子。光子与物质之间产生相互作用，给它们带来一定程度的偏振。这些物质可以是光子在路上遇到的星系物质。天体物理学数据越来越详细、越来越深刻、触及越来越远的距离，能让我们精确地评估物质对光子偏振的影响。然而，这些物质也可以是星系间的尘埃。

正因为潜在干扰，在 2014 年初，当美国宇宙泛星系偏振背景成像（简称 BICEP）系列实验计划宣布 BICEP2 望远镜发现了原始引力波在宇宙微波背景中引起的偏振时，科学界却对此持审慎态度。此次实验数据仅涉及到天空中的一小部分区域。因为其他偏振源的相关波与原始引力波有着不同波长，为了将引力波引起的偏振与尘埃或天体偏振源彻底地区分开，必须在好几种波长下观测整个天空。这正是"普朗克"卫星的任务。正因如此，BICEP2 望远镜得到的数据本应该和"普朗克"卫星得到的偏振化数据吻合。但"普朗克"卫星的数据并没有显示出引力波导致的重大偏差。

无论如何，BICEP2 望远镜的探测结果一经发布就惊动了各大媒体，这也证明了人们对探索原始引力波的极大兴趣。

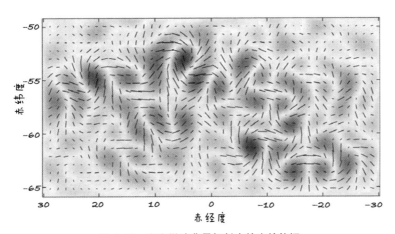

图 9.10　宇宙微波背景辐射中的光的偏振

这是 BICEP2 在天空中很小的一块区域内观测到的结果。哪部分偏振是星系间尘埃导致的？哪部分是源自原始宇宙曲率波动的引力波导致的？

焦点 IX　eLISA 计划

　　设置太空引力天线是个了不起的大事件，一旦成功，将被视为现代科学最伟大的成就之一。这也是人类的一次伟大探险，历经数代人的努力才发展起来。根据目前的预期，如果在 2030 年达成任务，届时距离人们提出最初的构想将过去整整 60 年。我想简单讲讲这一不平凡的历程。

　　故事开始于 1974 年的秋天。雷纳·韦斯组织了一个委员会，并与美国国家航空航天局的研究小组一起提出了打造一个十字型太空干涉仪的计划。这个干涉仪的臂长有 1 千米，4 个 1000 千克的测试质量绑在 4 个顶端上，干涉仪整体重达 16.4 吨（图 IX.1）。委员会提议，通过航天飞机把干涉仪安置在太空中。这个伟大的计划从来没实现过，但展现了当时的先驱精神。当时正值"阿波罗"计划时期：5 年前，人类在月亮上迈出第一步；6 年后，美国航天飞机初次航行。

　　那时候，彼得·本德尔也是该委员会的成员。他与自己在科罗拉多大学波德分校的实验天体物理联合研究所的同事詹姆斯·费勒一起，利用"月亮－激光"（LaserLnue）遥测技术进行了一些广义相对论的测试。他们说服"阿波罗"11 号的研究小组在月球表面安置了一个反射器，通过反射来自地球上的激光束，在厘米量级上测量月球和地球之间的距离。这是广义相对论的一次完美测试，因为它能够非常精确地对比地球轨道与月球围绕太阳的运行轨道，并证实它们到底是不是如广义相对论预测的那样，以相同方式加速。

　　大概在 30 年之后，在云集了欧洲和美国科学家的 LISA 探测器研究团队里，我见到了本德尔。在见过他本人之前，我甚至已经猜到，这位物理学家肯定非同一般：无论面对宏大的科学问题还是微小的技术细节，他总能保持清醒；一旦出现复杂的问题，大家就会把目光转向他；经管如此，他还十分谦虚，对像我一样的新人非常关心。这是一个伟大的人物。

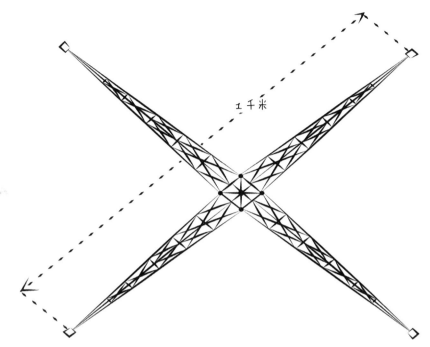

1 千米

图 IX.1　第一个引力波探测的空间干涉仪项目（1974 年）：我们从中可以认出迈克尔逊干涉仪的结构

　　让我们重新回到 1970 年。雷纳·韦斯、彼得·本德尔、詹姆斯·费勒以及随后加入的罗纳德·德瑞福很快认识到，可以把测试质量放在相互独立的卫星上，并由激光连接起来。不再用原始干涉仪的反射镜，而是用无线电应答器，自动接受、加强并转发激光束。借此，卫星之间的距离还可以再增大。在 1981 年，本德尔和费勒提出建设"空间引力波激光观测天线"，简称 LAGOS 计划。一个新构想生了：三个带有阻力补偿系统的卫星保护着自由浮动的测试质量；卫星之间距离达 100 万千米；在地球前方 4000 万千米的距离上，探测器沿着类似地球公转轨道的运行轨道绕太阳旋转（图 IX.2）。美国国家航空航天局十分认同这一计划，但财政风险阻止了计划的最终实现。

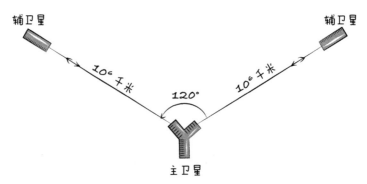

图 IX.2　LAGOS 探测器的第一个版本：一个主卫星和两个辅卫星

　　一个欧洲研究小组接手了计划，成员有德国科学家卡斯滕·丹泽曼和伯纳德·舒茨、意大利科学家斯蒂芬诺·维塔勒，以及法国科学家阿兰·布里耶和皮埃尔·杜布尔。新计划被命名为"激光干涉空间天线"（LISA）计划。欧洲航天局在 1993 年提出，新探测器保留了三个卫星的结构，但激光链形成三角形，使整体变成了一个完全对称的结构（图 9.4 和图 9.5）。在"Horizons 2000+"科学研究规划的框架下，欧洲航天局将 LISA 探测器项目定位为"奠基石"，一旦必备的技术和资金到位，就立刻启动。这是一个非常昂贵的计划，资金条件貌似很难实现。

　　为了满足技术筹备的条件，人们在 1990 年底决定首先测试一下 LISA 探测器中最敏感、最富有新意的技术。"LISA 探路者"应运而生，但看上去更复杂，建设耗资比预测更大。"LISA 探路者"项目一直拖延到 2015 年 12 月才实现。延迟对 LISA 计划本身也有影响。LISA 计划本来由欧洲航天局和美国国家航空航天局共同研发，两个机构均分责任。但自 2011 年起，欧洲航天局开始单方面重新设计。

　　现在，欧洲航天局确认了三项伟大任务，覆盖了 2015 年至 2035 年整整 20 年时间的"宇宙愿景"（Cosmic Vision）计划的大构架——一个木星探测任务、一个 X 射线的空间观测站和一个引力波观测站[1]，预计启动日期

---

[1]　即木星冰月探测器、高能天体物理学先进望远镜（也称"雅典娜"计划）以及 eLISA 探测器。——译者注

是 2030 年！日期看上去很遥远，但这类宏伟计划通常都需要 15 年时间才能达成。

LISA 探路者

"LISA 探路者"是测试 LISA 探测器的核心任务，以便确保测试质量仅在引力的作用下沿着自己的轨道运转。前面说过，想做到这一点，尤其要依赖阻力补偿系统（图 9.3），这一系统能让卫星把测试质量从外界干扰中隔离出来。但还有一些干扰来自卫星内部：比如，一些残留的电磁场会不会对测试质量产生作用？或者，内部连接会不会干扰阻力补偿系统的运转？

为了解决问题，物理学家把注意力集中到了 LISA 的一个臂上，将其几百万千米的规模缩减到了 30 多厘米，好让整条臂，包括它的两个测试质量和激光链，都能够放在一个卫星中（图 IX.3）。如同 LISA 探测器，卫星也配备了微型火箭，让它参照测试质量重新调整位置。大量的实验将会在飞行中进行，以便确认测试质量在不断改变的运行条件中如何运转。原则上讲，测试质量应该坚定地沿着自己的引力轨道运行。如果它们被改变所干扰，那是因为在飞行中或事后改变 eLISA 装置时出现了一个难点，必须加以分析并改正。

"LISA 探路者"是通往构建引力波大型空间观测站的重要一步。它的测试结论将被科学界仔细研究。到那时，人们才能定下一个确切日期，知道何时能实现这个大家期盼了 50 多年的实验计划。

伟大的太空任务从来都不是简单的游戏，总在不断受挫，不断重生。历史上的伟大发现难道不都是如此吗？历史仅仅记住了克里斯托弗·哥伦布发现新大陆的伟大时刻，然而为了这一刻，需要有多少次商讨来准备探险？需要说服多少人才能获得财政支持？又有多少怀疑者曾经试图从中阻挠？

图 IX.3 "LISA 探路者"有效负载的内部结构

可以看见两侧的两个立方体测试质量；在它们之间是复杂的干涉仪工作台及其激光束。

第十章

通往怎样的未来？

直到现在，我们一直在试着"预测"宇宙经历过的演变。而我们的科研手段却存在一个简单的矛盾：我们一直以现有的观测手段预测尚未观测到的现象，希望证实这些描绘了宇宙过往的现象是否真实存在在宇宙中；然而，我们在尚且无法证实自己的预言的时候，就贸然揣测宇宙的未来，这科学吗？

辩论向所有人开放，问题也牵扯到方方面面。

在距离我们最近的范围内（太阳系），我们已经足够精确熟知了周围天体的运行轨道，甚至能精确预测。

除此之外，在银河系或者河外宇宙的水平上，我们也已经公认，地球在时空中并没有优先地位。如果所有条件都满足的话，我们在宇宙中观测到的一切事物都已经到达地球，或总有一天会到达。因此，我们在宇宙中观测到了星系碰撞在结构化过程中的不同阶段。天体物理学家由此推断，我们自己的星系也是以类似的方式构建起来的，而且，构建进程在未来还将继续。我们观测离银河系最近的星系——仙女座星系，通过测量它相对于我们的运动速度，推断出在未来，银河系很有可能与它碰撞。

从整个宇宙尺度看来，如果我们缺少数据，也将缺少正确的观测距离。人们把可观测宇宙细分为 100 个区域，由此得到了 100 个样本。在这些样本的基础上，科学家进行统计学分析，精确测量出平均物理量。比如，人们估测宇宙微波背景的温度起伏平均量级为 1 到 100 000。然而，如果我们把可观测宇宙分为 4 个区域，统计学分析将仅建立在 4 个样本上。基本可以断定，如此观测到的宇宙微波背景的温度起伏会很大——这就是我们所说的"宇宙方差"。更直观地说，你可以看看宇宙微波背景图片（图 V.1），把这张图分为 4 份，并在对比图片里的每个分格。你会注意到，分格并不真正相似。但别太急着下结论：4 次都做相同测量的每一位实验者都注意到，测量结果之间都出现重大的数据变化。

那么，我们可以预测宇宙未来的演变吗？媒体倒是确定一件事：一位科学家要想受到媒体的追捧，最好的办法就是预测一场大灾难。如果太阳系或银河系的灾难显得不够刺激，还可以在更宏大的宇宙大舞台上演绎一场灾难。

预测尽管要冒风险，这场智力游戏仍然吸引人。所以，请允许我在最后一章冒险谈谈"预言"。为了尽可能得到大家的谅解，我接下来将回到地球上，做一个不太复杂的小练习：整体展望各种观测方法。这些观测方法能让我们最终直接理解未来 20 年间的"引力宇宙"。

预测宇宙的未来？

在宇宙历史中的最近几年里，一种新能量——暗能量，变成了主宰。这种能量形式相对来说没有那么活跃。如果暗能量来自真空能量（貌似很有可能），当质量、射线等其他能量形式随着时间减少的时候，暗能量应该随时间流逝保持不变。

这意味着，拥有这种性质的能量，其主导地位有可能将变得越来越稳固，并导致膨胀的持续加速，就如同宇宙在暴胀阶段所经历的那样。

这种全新的暴胀从长期看来将持续加速，以至于像星系团甚至星系这样的巨大结构将在暴胀的作用下被撕碎。而我们之前说过，这些大结构在某种程度上免受膨胀的影响，因为它们形成了一个引力岛。接下来，会轮到一些更小的结构，比如恒星和它们的行星。最后，所有物质结构都瓦解成粒子，而粒子之间也将相互远离。

还有一种可能，如同在我刚刚描述的暴胀场景中，宇宙突然转向另一个能量更微弱的量子真空，由此获得的能量将重新创建一些粒子，然后是原子、分子，以及越来越大的结构。

但是，可观测宇宙会不会只是众多宇宙中的一个呢？这就是多重宇宙的假设，最开始由安德烈·林德提出。在某些程度上，林德也是受到了暴胀场景的启发。

这是一个永恒暴胀的假设：一个宇宙源自暴胀，在该宇宙的一部分里，真空能量的涨落局部地启动了一个新的暴胀阶段；相关区域过度膨胀后，不久形成了一个自成一体的新宇宙，并与之前的宇宙分离——当然，除了孕育了新宇宙的膨胀区域之外……就此循环往复。因此，宇宙开始分列布局，成为"多重宇宙"，林德通过图 10.1 展示了出来。这些宇宙中的每一个宇宙，性质都不一样：空间维度数目不同，粒子整体数目不同，粒子的质量也不同，此外还有很多区别。因此，理论物理学家试图计算出，我们处在一个自己能观测到其特性的宇宙中的概率有多大。尤其，这种计算通常用于解释被观测的真空能量的密度，并与第六章提过的人为原理相似。接着，人们又尝试解释了各种各样的参数：希格斯质量、电子与质子之间的质量比，等等。

这种方法遇到了一个现实困境：用数学方法定义与所有潜在宇宙相关的概率，这是非常困难的事。这只是一个暂时的困难，还是这种方法固有的难题呢？未来将会告诉我们答案。但在很多人看来，永恒暴胀并不适合暴胀场景，这会让人们认为，暴胀场景仍是对事实的一个不完整描述。而其他人（我并不是其中一员）认为，某些参数的"概率"测定，比如真空能量，得到了弦理论的支持，代表了一个新的范式。无论如何，这一话题在各种天文学大会上引发了不少精彩的辩论，辩论有时也夹杂着一些人身攻击——辩论超出了科学的层面，让人们在更个人化的哲学立场上针锋相对。

时间

图 10.1　安德烈·林德的多重宇宙：每个球代表了一个宇宙

时间的终结?

有人提议，为了解决永恒暴胀的相关问题，我们不如规定仅保留多重宇宙的一部分。在这种情况下，某些观测者（也许就是我们?）或许将在有限时间内到达这部分宇宙的边缘。换句话说，在这种带有强烈投机色彩的场景下，时间是有尽头的；或者说，时间应该将被另一个概念所取代。真的有这么惊人吗？如果我们重新审视宇宙演变，正如图 4.1 总结的那样，貌似只有暴胀阶段和暗能量（有可能是真空能量）支配的较晚阶段之间的对称性，会就此提出质疑。如果相似性不是偶然的，那么可以预见，我们的宇宙正向一个与类似暴胀前的阶段演变。在这一阶段，持续空间与时间的概念将会消失，被其他概念取代。

观测者的位置

我曾多次提到，观测者占有优先位置。看上去，这与"宇宙中不存在核心"的看法相互矛盾。但是，承认观测者的优先位置就是承认观测的优先位置，更确切地说，就是承认物理学测量的优先位置。然而，经典量子力学或相对论量子力学明确地告知我们，精确规范测量过程，对做出可信的预言和严密的结论来说至关重要。我耳边依然回荡着最伟大的量子场理论学家之一雷蒙德·斯托拉时常挂在嘴边的一个问题："所谓可观测，到底是什么？"如果你尝试用场理论计算一个无法观测的量，比如一个无穷量，你就要冒着得到一个不严密的答案的风险。1950 年，费曼、朱利安·施温格及二人的同事们提出的重正化理论就建立在这种方法的基础上。因此，如果我们想要直接面对广义相对论与量子理论之间的调和问题，或许还需要把优先位置和在测量过程中的决定性角色赋予观测者。当然了，所有其他观测者都占据着优势，所有其他测量过程也是有效的。

为了让推测走得更远，也许应该让宇宙演变和时间演变的概念与测量过程直接相连。换言之，假如没有观测者，宇宙就是静态的，测量将负责展现宇宙的演变。当然，这不是我正在做的这种通过天文望远镜完成的一个人的测量，而是让所有观测者都参与的、更全面的测量，一个用于定义宇宙演变的测量。你或许还记得，人们能通过信息定义宇宙的内容。宇宙演变的问题也可以被视为一条信息流。

但还是暂停一下推测吧！我沉迷于猜想是为了向大家证明，物理学家也会从他们的方程式中走出来，在黑暗中摸索，努力寻找到出路。接下来就该建立数学模型了。数学模型也是一种理论，为了证明直觉的判断是否正确，更是为了最终重新回到观测。因此，这最后一章将展示一些已经实施的重要实验方法，或者在未来 10 到 20 年将要实现的实验计划。这些实验将终结某些毫无意义的推测，帮助未来的理论站稳脚跟。

未来 20 年将是引力的时代吗？

为了测试引力理论中的主要问题，人们运用的方法当然是有百年历史的广义相对论。引力就像是基本力中的一位穷亲戚，最终会像灰姑娘一样，等到自己扬眉吐气的一天。一些伟大的地面或空间实验已经准备就绪了，这中间当然也包括为我们打开"引力宇宙"之窗的引力波探测器。

其他精确测试广义相对论的观测计划也已经就位。比如法国的"显微镜"（Microscope）卫星，也是观测等效原理的阻力补偿微型卫星。卫星在 2016 年发射，用于测试等效原理，也就是说，引力质量与惯性质量的等效性，其精确度达到了前所未有的 10^{-15} 米（图 10.2）。

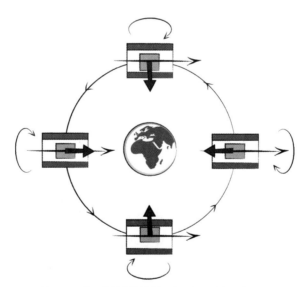

图 10.2 "显微镜"等效原理探测卫星的工作原理
细箭头代表了静电力，确保内部质量相对于外部质量（两个同心的圆柱体）保持静止。为了更好地区分违背等效原理的实验信号和偶然干扰信号，整个系统在轨道上运行，并进行自转。

卫星需要证实等效原理的一个结果（见第一章）：物体在引力场中的运动仅取决于其质量，而不取决于其内部的成分。然而，在试图把引力与其他作用力统一的众多理论中，一部分质量能量（$E = mc^2$）来自于一些新的、与物体成分有关的作用力。因此我们预测，两个质量相同但成分不同的物体将以不同的方式下落：落体运动的普遍性被破坏了。目前，这个落体运动的精确度已被证实达到了 10^{-13} 量级。

如同"LISA 探路者"一样，"显微镜"卫星的实验原理也运用了阻力补偿系统，但方式略微不同。测试质量是两个质量相同的同心圆柱体，二者成分不同，分别为铂和钛。测试质量处在二氧化硅外壳中，并在静电力的作用下保持静止。

人们热切期盼着来自"显微镜"卫星的实验结果。如果结果违背了等效原理，这将是修改广义相对论的一个清晰指示。也就是说，我们必须引入一个力程更长的新力，这个力与引力不同，它取决于物体的组成成分。这种结果对引力与其他基本力的统一同样会产生影响，因为这将是一个信号：要么，指出在这一实验精确度上，引力的行为确实有所不同；要么，指出的确还存在另一种基本力。

在本书中，我很少谈到这些伟大的基本问题是否会改变人们当下的日常生活。然而，这个问题还是冒了出来。广义相对论的一个实际应用领域就是全球定位系统（GPS）：为了在几米的精确度上确定位置，地面上的人需要发送信息（一种电磁波）到高达 2 万千米之外的全球定位系统卫星上，比如"伽利略"（Galileo）卫星导航系统；通过精确测量信息的接收时间，并根据我们说过的三角形测量原理，就能定位一个人的位置。但我们知道，时间和距离的测量经常会因为相对论效应的影响而失真。这些效应非常小，可是，如果想在 2 万千米的距离外（假如卫星不是刚刚好在我们头顶的话，我们距离卫星的距离还会更远！）将定位精确到 1 米，则精确度需要达到 10^{-7} 米。在这个精确度水平上，广义相对论的修正不但不能被忽略，反而应该被重视起来。我们每次通过全球定位系统确定自己的位置时，都成了广义相对论的使用者！

在未来，我们居住的宇宙与引力的关联将越来越密切。美国的"重力反演与气候实验卫星"卫星（简称 GRACE 卫星）、欧洲的"地球重力场和海洋环流探测"卫星（简称 GOCE 卫星）等探测项目已经能以越来越精确的方式探索引力场，不仅勘察陆地或海洋的地形细节，还要观测地壳。我们习惯假设，地球的引力场在地球表面上的所有点都是一样的。然而，地表有不同的地形，而且地壳的质量分布也取决于构成地壳的成分种类。最终，在地面的所有点上，地壳并非拥有相同的厚度。所有这些差异都将导致地球表面的引力场不再是一成不变的。同时，精确测量引力场的变化，会找到一些与外侧地层有关的重要信息。

欧洲航天局的 GOCE 卫星在 2009 年发射，并已于 2013 年停止工作。GOCE 卫星也配备了"LISA 探路者"和"显微镜"卫星用到的阻力补偿系统，在卫星上直接就能精确测量出测试质量的引力运动。通过测量测试质量各自运动的微小变化，人们得到了卫星经过的地球表面的引力场图景，并借此绘制出一幅弥足珍贵的"大地水准面"图，这也是一张恒定的引力场表面图（图 10.3）。

图 10.3　欧洲航天局 GOCE 卫星测绘出的"大地水准面"图

　　总之，这无疑是探索"引力宇宙"的一个伟大实验计划。显然，引力波探测仪在这类探险中扮演了核心角色。我们每年会发现多少波源？什么样的波源？会不会出现意想不到的波源？而意料之中的波源会不会带来更多惊喜？只有未来能告诉我们。但这恰恰是太空探测新时代的特征，而且，这些探测至关重要，关系着数百个最基本的问题：我们在宇宙中的位置、时空的特性、万物的起源与未来，甚至是这个宇宙的前世与未来……对于刚刚度过人生第一年，不久前才学会如何抵抗重力站起来的小家伙们来说，在他们的未来，这将是一个无比美好的探索计划。

焦点 X　时间问题

> 时间是一个发明，或者它什么也不是
>
> ——亨利·柏格森，《绵延性和同时性》，1922 年

　　既然我们已经谈到了未来，不妨就说说时间。时间无疑是当代物理学的核心概念，但重要的是，至少要在第一时间里把时间从众多"变形"中辨认出来。我们首先要剔除"心理时间"。尽管时间的流逝在不同人看来有所不同，或在不同时刻的感觉有所不同，但这个心理时间与物理学时间无关。因此，焦点 I 中谈到的运动参照系里的时间膨胀效应，应该是一个物理学效应：两个时钟起初同步；飞行旅行后，当我们再一次对比两个钟时，参与飞行旅行的时钟走慢了，这不是因为它经历的时间长，而是因为物理学时间更长。

　　物理学时间与因果性直接相关：从前、现在、事后——而且只有从前的事件能够影响现在或未来的事件。正因如此，设计多种时间维度非常困难。实际上，假如时间是一个二维表面，在这个表面上画一个圆，我们沿着圆走，就能重新回到自己未来的过去。前面还提到过一个例子：今天早上我洒了牛奶这一事实，可以影响到莫里哀之死，成为莫里哀的死因（见

第五章）。这是科幻侦探小说的绝好主题，但极不符合物理学现实！

在某些极端情况下，空间可以有一个方向。因此，穿过黑洞视界的粒子不可避免地奔向了中心奇点：位于奇点史瓦西半径 $\frac{2}{3}$ 处的一个事件，总是先于位于半径 $\frac{1}{2}$ 处的事件发生。空间带上了时间的装饰。

我们经常强调，基础物理学定律是可逆的。这意味着，如果我们颠倒时间的进程，定律同样适用。比如，我让一个球落到地面上；如果我请求小精灵按下时间递流的按钮，遵循牛顿定律，球会重新回到我手上。这看上去显而易见，但如果大量粒子介入的话，就行不通了：如果我在房间里打开一个气泡，气泡中的气体将弥漫到整个房间；颠倒时间的脚步也不能让所有气体分子回到气泡中。只有在童话故事里，好心或坏心的小精灵才会乖乖回到自己的瓶子中。这就是热力学第二定律的核心：大数量物体系统将从有序演变到无序。"熵"的量用来测量无序的程度，而演变将永远朝着熵不断增加的方向发展。演变是不可逆的。

然而，恒星因引力坍缩成黑洞，这是进行到哪一步了？这个过程可逆吗？它是基本过程吗？如果我们认为最终的成品——黑洞是个相对简单的引力物体，那么我们可以先验地回答：是的。另一方面，大量粒子介入，这会使它们在这个过程中失去粒子独有的特点。

从这点来看，霍金能定义黑洞的熵，并能证实这个熵与惯常的熵遵循相同的定律——随时间流逝而增加——就一点也不用奇怪了。视界表面直接测量了黑洞的熵，也再次说明视界在黑洞问题中发挥了核心作用。当一个物理学物体落入黑洞的视界中，黑洞质量增加，视界表面积也因此增加，而黑洞的熵也就增加了。

在这个过程中，一些信息被吸收，如物体的属性、特征等。这些信息与熵的概念紧密相连，因此，为了理解关键问题，跟着轨迹追踪信息流还是非常重要的。所以，黑洞将会随着霍金辐射的发散而蒸发，直至终结。这时，黑洞会释放出它吞下的信息吗？或者以等同方式，黑洞的熵会以惯常熵的形式复原吗？这就是科学界提出的问题。

我们看到，引力坍缩和黑洞形成是充满引力特性的过程。但这背后或许藏着有别于基本力之外的另一种力。正因如此，解决时间问题的线索很可能就隐藏在黑洞的视界里。而我们的探测仪器或许能找到这些线索。

然而，正如建立在全息原理之上的研究方法所指出的那样，假如黑洞视界与宇宙学视界之间有联系，那么，我们或许能揭示宇宙学时间的一部分属性。这样一来，我们或许将知晓自己熟知的连续时间是否真的有起始和结尾，以及哪个量最终能取代时间。

词汇解释

10 的乘方

在十进制里能够简写特别大或特别小数字的一种计数法。10^2 等于 1 后面跟 2 个 0，也就是 100；10^6 等于 1 后面有 6 个 0，即 1 000 000；而 10^{-2} 等于 0.01，即 1 在小数点后第二位；10^{-9} 等于 1 在小数点后第九位，也就是 0.000000001。以此类推。

暗能量

一种能量形式，其性质有待确定，在最近的宇宙时期里，导致了宇宙的膨胀加速。

暗物质

非重物质的形式，构成了星系、星系团，乃至宇宙物质的核心要素。这种物质被称为"暗物质"是因为它发不出光线，与重物质相反。

半反射

一个物体只反射其接收的一部分光线而让另一部分光线通过的现象。

变星

光度变化的恒星。

标准模型

在基础粒子的水平上描述了三个基本作用力，即电磁力，弱核力和强核力的理论。

波的周期

一个周期性现象有规律性地出现所间隔的时间。周期用秒来测量，并且与波的频率互为倒数。

玻色子

具有以下特征（与费米子相反）的粒子：任意数量的粒子可以处于相同的微观状态，并形成严密的宏观状态。因此，光子是一个玻色子，而激光的光线就是光子的有序叠加。更普遍地说，玻色子是力的介质。

参照系

能够确定一个特定事件发生的具体地点（3个数字）和确切时刻（1个数字）的参照体系。这些数字被称为坐标。参照体系可以与观测者（静止不动的）、地球（静止不动）或者遥远的恒星体系相关联。

场

在物理学上，指空间某一区域中所有点的量的数据。在流体中，通常会讲到压力场、速度场或电磁场。如果量（如压力）是一个数值，就称为"标量场"；如果量（如速度和电场）是一个向量，则称为"向量场"。

场的量子理论

描述了场的量子特性的理论（见量子场）。在粒子物理学中，这一理论采用了狭义相对论的公式，因此，描述了以接近（或等于）光速的速度运动的粒子或场。

潮汐效应

一个物体作用在另一个物体上的有"差异"引力所导致的效应，而两个物体大小有限。两个物体相互吸引，但由于大小有限，最接近部分的引力略大，相距最远的部分引力相对较小。物体因此可能发生变形，如同月亮以及地球海洋中的液体（可变形）的情况。如果引力更大（如在黑洞视界附近），潮汐效应会撕裂受此作用力的天体。

等离子体

高温下的物质状态：原子或者分子的链接断裂，电中性的原子变成了带电的离子。

等效原理

在加速度与引力场之间创建了等效性的原理——这两个现象在局部产生了相同的物理学效应。等效原理带来的结果之一是，作为惯性测量的质量（与加速度有关）与牛顿万有引力定律（与引力有关）里的质量具备了等同性。

电磁波

周期性的电场或者磁场移动时产生的波。电场运动产生磁场，磁场运动产生电场。电磁波由光子、光量子构成。如果通俗地将电磁波称为"光"，那就是把可见波定性为"光波"。

电磁波谱

根据电磁波的波长或频率（相当于光速除以波长），将电磁波进行划分。随着波长增长（频率持续下降），依次出现的是 γ 射线（10^{-14} 至 10^{-12} 米）、X 射线（10^{-12} 至 10^{-8} 米）、紫外线（10^{-8} 至 $4\cdot10^{-7}$ 米）、可见光（$4\cdot10^{-7}$ 至 $8\cdot10^{-7}$ 米，从蓝色到红色，见彩页图 3.1）、红外线（$8\cdot10^{-7}$ 米至毫米量级）、微波（毫米量级，直至 300 毫米）和无线电波（毫米到数千千米）。

电子伏（eV）

能量单位。1 电子伏是在 1 伏特电池产生的电流中加速的电子所得到的运动能量。这是一个微观单位，因此，人们更常使用"吉电子伏"（GeV），即 10 亿电子伏。

多普勒 – 菲佐效应

与能被静止的观测者观测到的运动物体发射的波的频率（波长）有关。如果运动物体靠近，探测到的频率变强（如果是声波，表现为声音变得尖锐）；如果物体远离，探测到的频率变弱（声音变得低沉）。

反物质

由反粒子形成的物质。大部分粒子有一个与之相关的反粒子，两者质量相同（m），而电荷的电性相反。正粒子与反粒子碰在一起，两者都会湮灭，因此产生的能量（$2mc^2$）形成了光子或其他粒子。某些粒子，如光子，是它们自己的反粒子。

费米子

满足泡利不相容原理的粒子（与玻色子相反）：两个粒子不可能处于同样的微观状态。物质粒子就是典型的费米子。

封闭空间

有界限或者没有界限的有限空间。比如球体，与开放空间或平面空间相反，球的表面没有边缘。

辐射计

能够在不同频率范围内测量大量电磁辐射密度的仪器。

辐射热计

通过把电磁场的能量转换成热量，再进行测量的探测仪器。

干涉

频率和属性相同或相似的两个波叠加而引发的现象，通过合成波的振幅的空间（和时间）变化而展现出来。在某些点，干涉是建设性的，合成波的振幅更大；在其他点，合成波是破坏性的，合成波的振幅更微弱，甚至变为零。在光波的情况中，会交替产生明、暗条纹。

各向同性

在所有方向都具有相同特性的性质。

惯性

描述物体抵抗运动变化（如速度的改变）的量。一个物体的惯性与构成物质的质量成比例，因此可根据物体的质量测量其惯性。

光波

波长属于可视光谱的电磁波，即波长为 0.38 至 0.78 微米，与 1.5 至 3 电子伏的光子能量相当。

光电二极管

半导体的元件，能够把光线转换为电流。

光度

在电磁波领域，天体在每个时间单位辐射出的能量总和。

光年

光线在真空中沿直线传播 1 年所经过的距离，约 94 600 亿千米。

光谱移动

物体辐射特有的频率（或波长）移动现象，原因是：物体相对于我们移动，根据多普勒 – 菲佐效应，如果物体远离，可视光线是"红移"，如果物体靠近，则是"蓝移"；或者说，这是一个移动值（z），能够测量地球上可测光线的波长与发出光线的波长之间的比值（$1+z$）。这个值同样也能指出，自光线发射以来，可测宇宙的膨胀系数。因此，与当一个光谱移动值为 9（$z=9$）的星系发射光线时相比，今天的可测宇宙增大到了 $1 + 9 = 10$ 倍。

光子

基本粒子，粒子间的交换能产生电磁力。光子构成了光，质量为零，运动速度为光速。

哈勃（定律、常数、参数）

根据哈勃定律，星系远离我们的速度与它跟我们的距离成正比。这一比例的常数称为"哈勃常数"，能够测量今天宇宙的膨胀率。由于膨胀率在宇宙历史期间发生了变化，我们把某个指定时期的膨胀率的值称为这个时期的"哈勃参数"。今天，哈勃参数相当于哈勃常数。

行星

围绕恒星按轨道飞行的天体，拥有足够的质量，使自身的引力能够维持近乎球面的平衡。

河外星系

指我们所在星系——银河系之外的星系。

黑洞

足够致密（即大质量、高密集）的天体，可以捕捉附近的物质与光线。

黑体

指吸收了所有电磁辐射的物体。因此，黑体不会反射任何光线，原则上看上去是黑色的。然而，在温度不为零的情况下，黑体会发射出具有该温度的特征的射线，这就是"黑体辐射"。物理学家普朗克在 1901 年解释了其起源。

恒星

产生并辐射能量的天体。

霍金辐射

黑洞视界附近的粒子产生与量子现象相关，如虚粒子对的形成，其中一个虚粒子消失在视界内部。粒子的产生导致黑洞能量散失，类似于蒸发现象。黑洞的逐渐蒸发导致它在未来消失。

基本力

由在空间任何点和任何时刻都具有相同形式的定律所支配的力。人们仅承认四大基本力力（基本相互作用）：电磁力、弱核力、强核力、引力。

基本相互作用

基本力的同义词，但特指两个物体之间的相互作用，比如引力作用下的两个质量，或者电作用力下的两个电荷。在量子水平，作用力来自相互作用的两个基础介质粒子的交换，如电磁力中的光子、强核力中的胶子、弱核力中的玻色子 W、Z 和希格斯粒子，以及引力中的引力子。

伽利略（或惯性）参照系

惯性原理适用的参照系：一个不受外力作用的物体将做匀速直线运动。这些参照系之间相互做的也是匀速运动。

加速度

物体运动速度的增加率。如果加速度为零，那么物体保持静止，或运动速度恒定，即匀速运动。如果加速度恒定，即为匀加速运动。

加速计

固定在物体上的传感器，能够测量加速度。

角动量

用以测量物理学系统自转状态的量值。

卡西米尔效应

两个被真空分开且不带电的导电板之间存在相互吸引的力，这个力来自真空中的电磁场波动。

开尔文（K）

国际单位制中的温度单位。开尔文代表了绝对温标：0 开尔文相当于绝对零度，即分子热反应为零的组态。1 开尔文的变化相当于 1 摄氏度的变化，因此有 0 K = −273.15℃，15 K=0℃，373.15 K=100℃，等等。

开放（空间）

非平面的无限空间，与封闭空间相反。

空间 – 时间（时空）

三维空间与一维时间的四维连续，能够定位粒子和所有事件所处的任何地方。

力

一个使物体或其一部分运动或者改变其运动状态的作用，因此有可能让物体变形。

力程

力的作用距离。这个距离可以是无限的，比如在引力波或电磁波的情况中。

量子场

指在量子力学（及相对论）框架中，与粒子相关的场。这个场特别描述了空间中每个点或每个时刻与粒子有关的量子涨落，也就是"粒子－反粒子"对的出现及湮灭。

量子真空

整个宇宙或时空区域的基本状态也是最小能量状态。这一状态的能量被称为真空能量。如果向这一区域引入一个质量为 m 的粒子，能量增加了 mc^2。

迈克尔逊干涉仪

建立在阻光装置上的测量仪器，能够测量光波干涉条纹的距离，借此把物体的波长与所用光线的波长进行对比。

秒差距（pc）

相当于 3.26 光年的距离单位。千秒差距（kpc）即 1000 个秒差距，兆秒差距（Mpc）即 100 万个秒差距。

能量密度

宇宙某固定区域内所含的总能量与该区域体积的比值：能量越集中，能量密度越大。

牛顿（N）

国际单位制中的力学单位，即给一个质量 1 千克的物体一个 1 米每二次方秒加速度所必须的力的大小。

偏振

能够向不止一个方向摆动的波（如电磁波和引力波）的特性：每个独立的方向被称为波的偏振。如果波仅朝这些方向中的一个方向振动，我们就说波发生了偏振。

频率

一个周期性现象在时间单位内定期重复出现的次数。这里尤其要讨论的是波的频率。频率单位是赫兹（Hz）：1 赫兹的频率相当于一个现象每秒钟都会重现出现一次。波的频率的倒数就是周期，用秒来测量。

平均能量密度

也称平坦时空宇宙中的标准能量密度。依据现在的观测，其精确值为 10^{-26} 千克每立方米。如果宇宙中的平均能量密度高于这个值，空间是封闭的；如果小于这个值，空间则是开放的。

平面

平面是一个没有起伏的表面。假如没有数学公式，很难在几何学中定义平面空间：只能说，在这个空间里，三角形的内角和等于 180 度，并且平行线永不相交（遵从欧几里得定理）。

谱指数

描述光线的频率对光能功率的决定作用的数值。

曲率（时空曲率）

测量不平坦几何物体的量。比如，球面半径可测量其不平坦的特点：半径越小，球面越弯。

时空度规

在空间和时间的每个点上，距离与期限的局部测量的数据：通过了解时空（事件）中一点的度规，可以了解相邻点的距离，以及与附近事件分开的期限。

史瓦西半径

黑洞视界的史瓦西半径即黑洞中心奇点与表面之间的距离，在该表面里的物质和光线都被黑洞的引力捕捉。

视界

观测者能够观测到的时空区域的界限，从广义上讲，也是观测者能通过探测手段进入的区域界限。事件的视界被定义为观测者在无限时间内能够探索的区域的界限，或者，是观测者从没观测到的区域的界限。反之，过去的视界是观测者能够在过去（自大爆炸时期起）向其发出信号的区域的界限。

四极

旋转 90 度之后，质量的对称性分布不变，即质量被分解为 4 个相同的象限。

天体

天空中的可见物体。

同质

包含拥有相似性质的元素或组成部分的特性。

维度

中文对 dimension 一词有两个不同的翻译。

(1) 测量物体在某个方向上的大小（宽度、长度、高度）的量值。在这层含义上，可以说时间是第四维度，或者说是补充维度，相当于我们的感官世界不能直接感受到的方向。

(2) 基础物理学量纲（质量、时间、长度）的比值或乘积。借此能进一步得到其他物理学量值（衍生值）：质量与长度的乘积，再除以时间的乘方，就得到了力的值。与衍生量值对应的分析称为"量纲分析"。在国际单位制（有时称为"米 – 千克 – 秒 – 安培单位制"）中，我们能从基本单位中推出衍生单位：如力学单位"牛顿"，可以表达为"千克米每二次方秒"（$kg \cdot m \cdot s^{-2}$）。

无线电应答器

可以接收、强化、转发不同频率信号的自动化仪器。

相变

参数改变导致的系统变化。比如，系统是物质，参数是温度：温度改变导致的固体与液体、液体与气体之间的转化就是相变。在其他系统中，参数可能是能量（电弱力相变）或者是磁场值（铁磁体）。

星系

被引力凝聚在一起的暗物质、恒星、气体和尘埃的整体。一个像我们银河系这样的星系有 10 万光年数量级的大小，并包含了大约 10^{11} 个恒星。星系分为三大类型：近似球形的椭圆形星系，包含古老的恒星，缺乏气体和尘埃；银河系一类的螺旋形星系，气体和尘埃的数量都很大，年轻恒星位于星系盘里，古老恒星位于"洋葱"结构里；不规则形状星系，规模比较小，而且富有年轻的恒星。

星系团

由引力连接起来的超过上百个星系的整体。

虚粒子

能量的量子涨落产生的粒子（及其反粒子）。根据量子力学定律，量子涨落有一个生命期限，能量越大，期限越短；而且，虚粒子会与其反粒子一起湮灭。粒子被视为虚拟，因为它不能被探测到，除非没有发生湮灭，且能量涨落是确定的，但这与能量守恒定律矛盾。但是，虚粒子的诞生的确产生了物理学后果（见真空能量和霍金辐射）。

引力波

对时空曲率的扰动，扰动呈波的形式以光速移动、传播。

引力场

在空间的一个区域中，引力占主导地位，或者引力值轮流对某个固定点的质量单位起作用，这个区域就是一个引力场。

引力子

基础粒子，其之间的交换产生了相互吸引的作用力。引力子对于引力来说相当于光子对于电磁力的意义。

宇宙暴胀

宇宙历史的一个时期，很有可能紧接在大爆炸之后，此时的宇宙（呈指数）快速膨胀。

宇宙膨胀

宇宙结构随时间膨胀，使得星系随时间而彼此远离（反向运动就是宇宙收缩）。

宇宙微波背景辐射

大爆炸之后约 38 万年，宇宙酷热且不透光（与"黑体"类似），此时宇宙产生的电磁辐射就是宇宙微波背景辐射。就在此刻，宇宙变得透明。这个原始辐射经过光谱移动，今天可在微波领域被观测到。人们有时候说的"最初的光线"与之非常相似，因为一些光（即电磁辐射）是在此之前的时期里诞生的，但它们立刻被物质吞没，没能传播。

原子相变

原子的电子的能量从一个级别向另一个级别过渡。

圆环面

封闭、弯曲的桶状几何形状。

匀速运动

速度恒定的运动。

真空能量

能量量子波动产生的量子真空能量（产生"虚粒子对"）。

重子物质

重子（典型的重子为质子和中子）形成的物质。重子物质用来定义可能会发光的物质，与暗物质相反。

重子

由 3 个夸克形成的粒子。最常见的重子是质子和中子。重子物质即由重子形成，是典型的由质子和中子构成的普通物质。

主星序

赫茨普龙 – 罗素图（简称"赫罗图"）根据恒星光度列出其发光的颜色，将全部恒星按此排列成一条连续带状，即为主星序。主星序中的恒星的演变达到了成熟期，此时，恒星内核作用力产生的热量而导致的热压力（膨胀效应）与引力（收缩效应）的共同作用达到了平衡。

状态方程

表征了某一系统状态中决定性物理学参数（压强、温度、能量密度等）之间的关系。在宇宙学里，系统是一定时期（现在、氢复合时期、暴胀时期等）

里的整个宇宙。

自旋数

与质量、电荷一样，代表粒子固有特性的量。在微观层面上，自旋数能够保持物理学定律的旋转不变性。玻色子的自旋数是一个整数，费米子的自旋数是半整数（奇数除以 2 得到的数）。

阻力

阻止物体在液体或气体中运动的力。卫星上的阻力补偿系统利用卫星火箭来纠正阻力对运行轨道的影响，并让卫星内的测试质量能仅在引力的作用下沿着轨道运转。

词汇索引

人名索引

站在巨人的肩上
Standing on Shoulders of Giants

站在巨人的肩上
Standing on Shoulders of Giants